物理屋が贈る数学講義

池末 翔太

使い道がわかる 微分積分

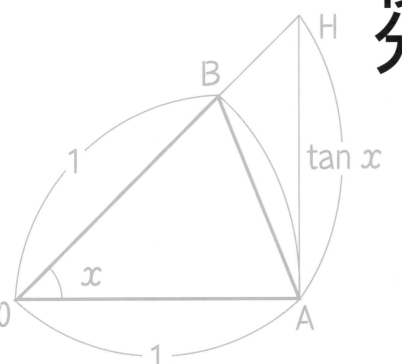

技術評論社

池末先生

予備校講師。物理と数学を担当。「数学は自然を語る言語表現」という信念をもとにした授業を行う。生徒に疑問を残さないその講義は幅広い層の受験生から支持を得ている。

透

高校3年生。中学の頃は数学が得意だったが、高校数学にはやや苦戦している。入試にもよく出る「微積分」を基本から習得したいと思っている。まどかとは幼馴染。

まどか

透と同じく高校3年生。昔から数学にはてこずっているが、嫌いというわけではない。物理と数学の関係性に興味を持っている。幼馴染の透とは違う高校だが、予備校では同じクラス。

はじめに

「微積分は計算が大変！　難しい！」

「微積分から数学が嫌いになった！」

「微積分っていったい何に役立つの？」

このような疑問・悩みを抱いている人は多いと思います。

でも…

微分は，「曲がったものをまっすぐに」すること。

積分は，「ちびちび積み重ねて」いくこと。

こう言われたら，「微積分」ってとてもシンプルに見えてきませんか？

・・

はじめまして，予備校講師の池末翔太と申します。この本は「微積分」をテーマにした本ですが，類書にはなかなか見られない次のポイントに留意して執筆しました。

①いきなり数式からスタートはせず，まず「微分とは？　積分とは？」という概念から易しく解説！

②本文とは別に，先生，生徒２人の会話調の説明を挿入して初心者がつまづきやすい疑問を解決！

③実際に，日常のどのような場面で「微積分が使われているか」をしっかり紹介！

私自身，高２のときに数学Ⅱではじめて「微積分」に出会い，「ムズ！　なにこれ！　こんなことやって何に使えるんだよ…」って思ったのを覚えています。

普段，予備校で教えている生徒を見てもこのような感想を抱いている人は多いようです。

そのような「微積分」に嫌悪感を抱いている人に向けて本書は書き進めました。

この本を読むと…

『あ！　微積分てこういう意味だったのか！』

『微積分の考え方って，すごいシンプルですね！』

『日常，身の回りのこんなところに微積分が使われてるんだ！』

というように，読む前に比べて『微積分』が身近に感じられるようになると思います。

　私は，普段予備校では「物理」をメインで教えている物理屋です。物理屋は数学を**「現実世界，自然現象を理解するための言語ツール」**と捉えています。数学は自然界を記述する言葉であるという認識を持っているのです。予備校の授業でもその点を強調して高校生に伝えています。

　つまり，「物理屋」はいま学んでいる数学という言葉が自然のどこに顔を出すのか，という意識をもっているのです。「微積分」も同様に，この世界のどこに微積分はいるのかと考えると，あらゆるところに「微積分」はいる，もしくは使えると人間は気づいていったのです。

　「微積分」は多くの人に敬遠されがちですが，核となるその概念を先に確認して，おおらかに，素直に微積分に触れてみると，ぐんぐんぐん，すいすいすいとスムーズに理解し，習得できるのです。

　本書を読み進めていくと，「微積分の本懐」が段々と，自分の中に構築されていくことを感じ取っていけると思います。

　小学校で九九を学んだときに，「さんしじゅうに！」などと呪文のように覚えましたが，その「意味」はと問われればちゃんと「3を4回足したもの！」と答えられます。それなのに，「微分公式」は言えるけど，その「意味」を答えることのできる高校生は多くないのが指導していて感じる現状ですし，私自身も高校生時代はそうでした。

　しかし，「概念」をきちんと押さえれば，計算などは当たりまえのように感じられ，微積分をより身近なものへと変えることができるのです。

　式をこねくりまわして計算計算とあくせく手を動かす前に，しっかり腰を据えて「概念」をおさえることで，その数式が何を語っているのかをきちんと自らの言葉で「和訳」できるようになるのです。

　ぜひぜひ，本書で「微積分」のシンプルで奥が深い世界を堪能してみてください。

池末　翔太

目 次

第1章

微積分難民

1. 微かに分かる，分かった積もり!?

　数学の数ある分野の中で「微積分」は非常に大きな存在です。高校では2年生の数学Ⅱで初めて登場し，数Ⅲでさらに拡張した概念を学びます。大学入試でも理系数学の試験では「微積分」はどの大学も必ずと言っていいほど出題してくる分野です。多くの大学で「微積分」を入試に課すということはそれだけこの分野が重要であり，大学入学後も「微積分」を使っていくことになることを示唆しているのです。

　しかし，学生の中にはこの「微積分」に対し，苦手意識や嫌悪感を抱いている『微積分難民』がかなりの割合でいることも事実です。

　▼・ω・▼じゃあ，さっそく「微積分」についてのお話をしようと思うけど，その前に微積分について今抱いている印象ってどんなもの？

　えー，そうですねー。なんか計算沢山する印象ですね。学校の授業でもとにかく「微分する，積分する！」って感じで計算問題ばっかりやってますもん（´・ω・`）

　▼＝ω＝▼まぁ，そんなとこだよね。微積分って計算技術に見えてけっこうとっつきにくい分野と思われるみたい。だから「微分積分」って『微かに分かる，分かった積もりになる』って揶揄されることが多いの。

　へ～，うまいこと言いますね（＝ﾟωﾟ）

　感心してどうする。
　でも実際，私そんな感じになっちゃってますね（｀・∀・´）

▼・ω・▼うん。この『微かに分かる，分かった積もりになる』って標語は昔から言われていることだけど，2つの意味を含んでいるんだよね。「微積分は難解ですよ。」っていうのと，「微積分はまずわかったつもりでもいいから，とにかく計算できるように！」ってね。

ほぉ（°∀°）

▼・ω・▼でも微積分の勉強で大事なのは，まず微分と積分の「大まかな意味」をつかむことなの。それさえ理解できれば全然，全く，難しくないよ。細かい計算技術や言葉は常に「大まかな意味」を頭に入れておいてゆっくりじわじわ知っていけばOK！

　テクニカルな計算技術と思われがちな微積分ですが，その「意味」は非常にシンプルで易しい概念です。「力づくでゴリゴリ計算」ばかり練習してきた人もいるかもしれませんが，本書では計算云々は最重要事項とせずに，とにもかくにも微分と積分の「核となる意味」を伝えた後に，細かい内容をつめていくという形でお話しを展開していきます。

2．なぜ微積分はむずかしいのか

　「なんでこんなに微積分って難しいんだろ？」と思う人も多いと思います。しかし，世の中には「難しいもの」というのは本質的にはありません。「難しいと思う人」と「難しいと思わない人」がいるだけなのです。ただ，微積分に関しては「難しいと思う人」が相当数いるのが事実ですね。なぜでしょうか？

▼・ω・▼なんで微積分に対してそんなに「難しい」とか「やだな〜」って嫌悪感を抱くようになった？

なんでかな〜。でも1つ言えるのは数Ⅱで微積分を学習する前からすでにちょっと「難しいんだろうな」って思ってました (´・ω・`)

▼・ω・▼それ，けっこう大事だよね。いろんな人が「微積分大事！微積分は難問！」みたいに言い過ぎた感はあるよね〜。最初から「難しいって認識をもったまま」学習し始めた人はいるよね。

うんうん (; ∀ ;)

▼・ω・▼ほかに理由ある？

そもそも微積分ってなんのためにやるのかわかんないっすよね。いきなりよくわかんない言葉バンバン出てくるしさ (-_-;)

▼・ω・▼いいね〜。そういうところに疑問を抱くのはいいよね。きっとそういうのが最大の理由だろうね。一体何を目的として微分するのか，積分するのかがつかめないことがあるんだよね。

　微積分を使って何をやりたいのか？　この答えこそが本書で伝えたい微積分の「意味」なのです。多くの高校生（や大学生）がこの質問に対する明確な答えを持たないまま微積分を学んでしまっているのです。それが微積分が難解に思われる原因だと思います。

　では，微積分の目的は何なのか，その答えは微積分の発明者を紹介したら理解していただけると思います。

3．微積分の発明者はだれ？

　微積分学はほぼ同時期に 2 人の人間が独立で発明したと言われています。その 1 人は数学者であるゴットフリート・ヴィルヘルム・ライプニッツ，そしてもう 1 人が物理学者のアイザック・ニュートンです。いったいどちらが先に発明したのかについては今でも論争が起きるのですが，今ここで先取権がどちらにあるのかということには言及しないでおきましょう。

　とにかく微積分の起こりには数学者，そして物理学者が大きく活躍したということを事実として考えます。特に，物理学者ニュートンがなぜ微積分を発明しようとしたのか，その動機は何かということに思いをはせてみましょう。

　ニュートンは「物体の運動論」についての研究を行っていました。その理論体系は今日，『ニュートン力学』と呼ばれ，認知されています。そのなかで登場する「速度」「加速度」，そしてニュートン力学の主張である『運動方程式』はすべて「微分」の概念が使われています。つまり，ニュートンは「物体の運動」，ひいては「宇宙・自然界で起こる現象すべて」を解明するために微積分学を作り出したのです。

> へ〜，微積分の発明者って 2 人いるんだ (ﾟ∀ﾟ)

> しかも，その 1 人があのニュートンなんですね。知らなかった (`・ω・´)

> ▼・ω・▼確かに，今現在知られているような微積分学を作ったのはこの 2 人と言ってもいいけど，積分とかの概念は紀元前からあるし，微積分すべてをこの 2 人が作ったというのはちょっと言い過ぎかもね。

どゆこと？(ﾟДﾟ)

▼・ω・▼自然科学において発明っていうのは，グラスからあふれ出た
ワインのようなものでね。ワインが満タンになるまでいろんな科学者・
哲学者が様々思考を巡らせてきているの。そして次に注いだ人でグラス
からワインがこぼれたとき，その人が「発明者」として名を残すもんな
んだよね。

なるほど，つまりライプニッツやニュートン以前にもいろんな人が微積
分が芽生える土壌を作って準備してくれていたってことですね(ﾟ∀ﾟ)

▼・ω・▼そうそう。だから科学の世界でよく「同時期に発明する」っ
ていうことが起こるのはそういう理由からだと思うんだよね。

　微積分を物理の世界観においてどのように使っていくことになるのかは，また本書
の中でおいおい説明するとして，まず認識してほしいのは『微積分は自然を語るうえ
で必要なコトバ』であるってことなのです！

　では，次章からまずは微分の学習に入っていきましょう！　焦らずに，ゆっくり
じっくり，じわじわと微積分の世界をのぞいていきましょう。結局，それが「微積分
難民」から脱却する一番の近道なのです。

第2章

微　分

1. 微分の全体像

● 微分を学び始める

　これから「微分」の講義に入ります。まずは細かい話の前に「全体像」についてのお話をしましょう。微分にはじめて出会ったのは，高校生のときの数学Ⅱの授業だったという方がほとんどでしょう。ここではいきなり用語のチェックに入るのではなく，どんなことを微分では学ぶのかを俯瞰して見てみましょう。

 ▼・ω・▼　ほとんどの高校生は文系理系関わらず2年生のときに数Ⅱという科目ではじめて「微分」に出会うわけだけれど，いきなりいろんな「コトバ」が登場して頭がこんがらがっちゃう人が多いんだよね。

たしかに，「平均なんとか率」とか，「微分けーすー」とかはじめて聞く単語がやまほどでてくるんですよね (´;ω;`)

 ▼・ω・▼ 新しい数学分野を学ぶ以上，新出単語が登場するのは致し方ないし，そのような学術用語は使えるようになるとめちゃくちゃ便利だから知っておくといいんだけどね。

そうなんですか (・ω・)

　高校生に聞くと，微分の授業ではこの最初の部分はかなり一気に駆け足で説明されて，すぐに微分公式とかの実地訓練に入ることが多いようです。しかし，公式を暗記して計算練習に入る前にまずきちっと全体像を押さえることが肝要なのです。

　では，微分の概念を表現する新出単語を次の図で確認しましょう！

● 微分の全体像

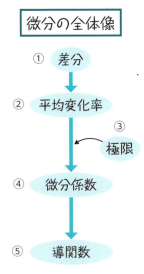

新しく耳にするそれぞれの言葉の細かい意味は後に詳しく解説するとして，ここでは「流れ」をつかむことにしましょう。微分を理解するためにはまず，「①差分」を知っておく必要があります。そしてその「①差分」がわかるとすぐに「②平均変化率」が定義できます。

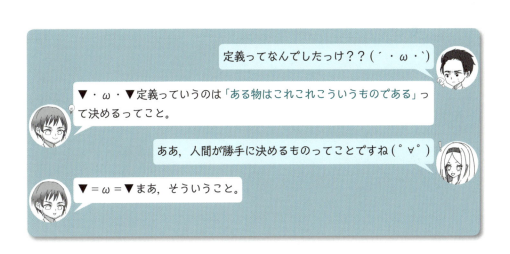

　次に「②平均変化率」に「③極限」という概念を融合させると「④微分係数」が定義できます。いわば「②平均変化率」に「③極限」という味付けを加えると，「④微分係数」という料理ができあがるという感じですね。

　そしてその「④微分係数」をさらに拡張した概念にすると「⑤導関数」になります。

> ん？　拡張？　どゆこと？ (-_-;)

 ▼・ω・▼数学では，「一般化する」なんて表現を使うんだけどね。例えば，ペットショップに行くと「しば」とか「チワワ」とか「コーギー」，「パグ」とかたくさんいるよね。

> はい(°∀°)

 ▼・ω・▼でも，これらはまとめて「犬」って一般化できるよね。そういうことだよ。あとでまた説明するけど「④微分係数」が「しば」とか「パグ」とかの犬種を意味していて，「導関数」が「犬」に対応しているんだよ。

> ああ，なんとなくわかりました！(/・ω・)/

　もう一度整理してみましょう。「①差分」がわかると「②平均変化率」が定義可能となります。それに「③極限」を合体させると「④微分係数」となり，さらに一般化すると「⑤導関数」というものになるのです！そしてこの「⑤導関数」を求めることを，『微分する』と表現します。

うぇ？(°Д°)

ほぇ，あ，そうだったんですか。
微分するって「導関数」ってやつを求めることだったんですか(´・ω・\`)

▼・ω・▼うん，実はそうなの。だからこれから『微分する＝導関数を求めていく』ことを目標に勉強していくことになるね。じゃあ，本格的な話に入る前に次は『微分』がいったい何をしようとしているのかを教えるね。

オーケー(°∀°)

2. 曲がったものを，まっすぐに

● 微分の目的

　微分の学習において，『いったい微分とは何が知りたくて生まれたのか』ということに目を向けることはとても大切です。結局，全ての学問は多寡はあるにせよ人類が「○○を知りたい！」という疑問に思う心を種火として発達させてきたものなのです。

いったい「微分」とは何なのでしょうか？

　この質問の答えこそが，本書の「微分」の講義で最も伝えたい部分であります。この部分を曖昧にするといくら先へと進んで公式を覚えたり，計算をこなしても「微分」を勉強していることにはなりません。

微分の意味なんて，あんまし考えたことないっす (- ω -)

▼・ω・▼うん。ほとんどの高校生は「微分する」って動詞はなぜかよく使うんだけど，そもそも「微分」っていう名詞が何を意味しているかわかんないまま勉強しちゃってるんだよね。

すいません (; ∀ ;)

▼・ω・▼いやいや，これは君のせいじゃなくて，教科書のせいだね。いまの数学の教科書ではどう見ても「微分する」ことを強調しすぎていて「微分」の意味は後回しにされてる傾向があるね。

そうなんですか (゜Д゜)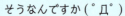

▼・ω・▼ここではきっちり「微分」の意味を伝えるからね！

では，「微分」の概念とは一体何かというと…。

ぐにゃぐにゃ曲がった「曲線」を，ものすごく狭い範囲で見て，まっすぐな「直線」に近似するということ!!

なのです。

これで「微分」については終わりです。ありがとうございました。

ちょっと待て待て！　終わらせるかい！(゜Д゜)

まだよく意味がわかんないです（´・ω・`）

▼＾ω＾▼まあ，そうだよね，地図の話で概念をつかんでもらおうかな。でもね，ほんとにこれで微分の授業を終わらせてもいいくらいの大事な一文なんだよ，さっきのは。

下の図をご覧ください。

　これは東京〜広島間の地図ですね。この地図に示されたルート（青い部分）はどんな「線」になっているでしょうか？

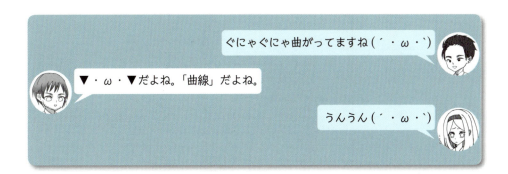

ぐにゃぐにゃ曲がってますね（´・ω・`）

▼・ω・▼だよね。「曲線」だよね。

うんうん（´・ω・`）

では，京都あたりをほんの少し拡大して見てみましょう。

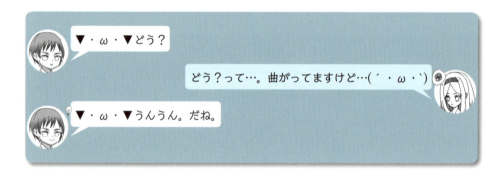

ではでは，さらに京都駅くらいまで拡大してみましょう。

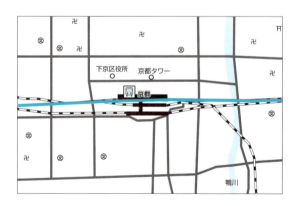

さあ，もう1度同じ質問をさせてください。ルートはどんな「線」になっていますか？

 ▼・ω・▼どうかな？

あ，かなり「直線」っぽくなった!!(ﾟ∀ﾟ)

 ▼・ω・▼ね？　曲がったルートも，京都駅くらいまで拡大してものすごく狭い範囲で見たら直線に見えたっしょ？　これが微分なの。

曲がったものも，ものすごく狭い範囲で見たら，まっすぐになる。これが微分の本懐なのです。

ふ～ん。
なんかほかに例えないですか？
まだあまりイメージがわかない…(´・ω・`)

 ▼・ω・▼ほかに？　じゃあ，地球を考えてみよう。地球ってどんな形してる？

バカにしないでくださいよ。丸い球でしょ (ーー")

 ▼・ω・▼うん。地球が丸いってことはたぶん小学生も知ってるよね。でもさ，今日朝起きてからいままで「地球の丸さ」って実感した？「あ～今日もいい天気で地球は今日もまるいなぁ」って思った？

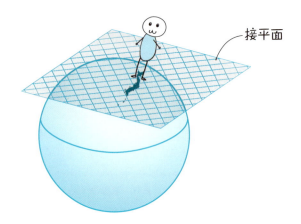

接平面

▼・ω・▼もうすこし説明すると，日本にいる僕らは地球の「日本」という場所にくっつけた平面，それを「接平面」っていうんだけど，そういう「接平面」として日常の空間を見ているの。これも曲がったものをとても狭い範囲でまっすぐに見ていることに他ならないね。つまり「微分」なんだよ。

　先ほど「近似」という言葉を使いましたが，「近似」とは何かご存知でしょうか？「近似」っていうのは，あるものを見るとき (観測・測定という意味) に，細かい部分の情報をそぎ落とし，無視して必要な情報のみを抽出して単純なものにするってことです。

ん？(-_-;)

▼・ω・▼例えば，きみ体重何 kg？

57kg です (´・ω・`)

▼・ω・▼うん，でも本当に57.0000000kg ぴったりの数字じゃないよね。ほんとは 57.2345kg とかかもしれないよね。でも，日常のコミュニケーションや体調管理にはそこまで細かい体重は必要になる場合がほぼないから，だいたい小数点以下は省略して見てるでしょ。これが近似ってこと。

な，なるほど (°Д°)！

▼・ω・▼わかった？

「微分」が何をしようとしているかはわかりました。
でも，なんで曲がったものをまっすぐの直線にしたいんですか？ (°Д°)

● なぜ微分する必要がある？

　「なんで曲がったものをまっすぐに見なきゃいけないの !?」という意識は当然の疑問ですよね。なぜわざわざ「曲線」を「直線」へ変換しなきゃいけないのでしょうか。その質問に答えるには第 1 章でもお伝えしたニュートンの話に戻りましょう。ニュートンは物理学者で「自然現象」をうまくとらえたいという思いから「微分積分」を作ったんです。なぜ「自然現象」に「微分積分」を導入する必要があったかというと，「神は直線を作らないから」なのです。

は？　神？　ゴッド?(;´・ω・)

▼・ω・▼うん。昔の人々は「この世界は合理的な神がつくった世界。その全知全能の神がつくったのだから，そこには美しい秩序だったルールがあるに違いない」と，ある意味盲目的に信じて物理学とかの科学研究をしてたの。

うんうん(・ω・)

▼・ω・▼ところが困ったことに「自然現象」のなかには「直線」の現象なんてほとんどなかったんだよ。あるのはぐにゃぐにゃ曲がった「曲線」で表現された現象ばっかりなんだよね。つまり，どうやら神様は曲線ばかり世界に作って，直線はあまりお好きじゃないみたい。確かにまわりにある直線のものはよく見るとほぼ全て人工物でしょ？

　そう，どう考えても「曲がったもの」よりも「まっすぐなもの」の方が理解しやすいし，見やすいに決まっています。それが「微分」でやりたいことなのです。だから「微分がムズイ！」って嘆く高校生がたまにいるけれど，それっておかしいことなんです。だって微分は難しいものをより簡単に見る方法論なんだから，微分を使わないほうが何倍も難しいはずなんです。

へ〜。「微分」ってそんな目的があったんですね。単なる数学の計算技術と思ってましたよ(゜∀゜)

▼゜Д゜▼あらー。まあ，普通に数学だけやってたらそう思いがちだよね。実はこのように物理とも密接な関係を持つんだよ。

へ〜。ちょっと微分のハードルが下がってきたかも w(゜∀゜)

3．平均変化率＝変化の割合

　では，だんだんと具体的に「微分」についての講義にうつりましょう。微分の全体像でもお伝えした通り，まずは「差分」，そして「平均変化率」の理解が大事になります。この節ではこの2つについて学びます。

　しかし，どちらも概念は単純なのでビビらなくてOKです！　とにかく現時点で知っておいてほしいことは『微分は狭い範囲で見て直線に近似する』ということだけです。これだけ常に念頭に置いて読み進めてほしいと思います。

● 差分

　「差分」という言葉はあまり聞きなじみがないかもしれませんね。ならば次のような言葉に言い換えてもらっても大丈夫です。「変化分」，「増加分」と。実は「差分」というのは何かの変化量のことを指しているだけなのです。

　さらに人間はここで数学記号を作ります。「xの差分」のことを毎回日本語で書くのは面倒なので，Δ（デルタ）という文字を用いて「Δx」と表現します。

でた！　Δ！　このデルタがまず意味不明なんだよね (; ∀ ;)

▼・ω・▼カンタンだよ～。なんでΔって文字を使うか知ってる？

え，知るわけないじゃん。そんなの (` ・∀・´)

▼・ω・▼ Δはギリシャ文字の「D」に対応する文字なのね。じゃあなんの「D」かっていうと「Difference」の頭文字Dなんだよ。つまり「違い，差」を表してるよって教えてくれる記号に過ぎないんです。

ほう。なるほどね(´・ω・`)

　例えば，次のような3次関数っぽい関数があるとします。このときA点とB点の「x座標の差分」と「y座標の差分」を考えてみましょう。

　グラフからわかる通りこの場合の「xの差分」は4で，「yの差分」は6ですね。「差分」についてはたったこれだけのことなんです。

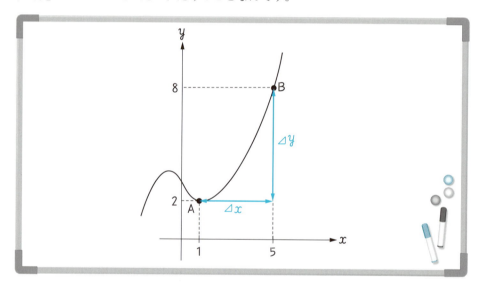

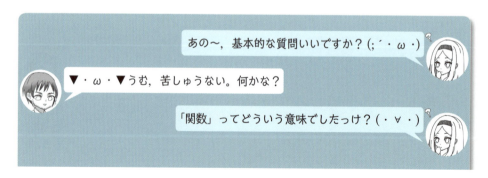

あの〜，基本的な質問いいですか？(;´・ω・)

▼・ω・▼うむ，苦しゅうない。何かな？

「関数」ってどういう意味でしたっけ？(・∀・)

▼・ω・▼「関数」ってのは「ある独立変数に対して，従属変数が存在する関係式」のことだよ。

日本語でお願いします（；∀；）

▼・ω・▼例えば「$y=3x$」という式があるとするね。じゃあ，自分で勝手に $x=1$ としよう。すると $y=3$ だよね？　じゃあ，$x=2$ なら $y=6$ になるね。いろいろ x を変えて代入すると下の表のようになるよね。

x	-2	-1	0	1	2	3	4	$\cdots$
y	-6	-3	0	3	6	9	12	$\cdots$

はい，これはわかりますよ（´・ω・｀）

▼・ω・▼じゃあ，この表をつくるときに y って自分で勝手に決めた？決めてないよね。勝手にいろいろ数を変えてみたのは x でしょ。y は x が決まったら「自動的に決定」したよね。これが「関数」です。

つまり，「何か数を決めると，それに対して何かの数が決まる関係性」ってことですか？（｀・∀・´）

▼・ω・▼OK！　関数はよく自販機に例えられるね。コインという x を自販機という関数に入れると，y という缶がガシャコンと出てくるってね。

へぇ～（｀・∀・´）

▼・ω・▼もともと昔は「関数」って，「函数」と表記してたの。

函館の「函」ですね（´・ω・｀）

そうそう，つまり「函数」って「ある変数を入れると何かしらの数が出てくるブラックボックス」的なものなんだよね。

● 平均変化率

次に「平均変化率」についてです。さっきの図をもう一度みましょう。このとき A, B 点において「$\Delta x = 4$」，「$\Delta y = 6$」でしたね。

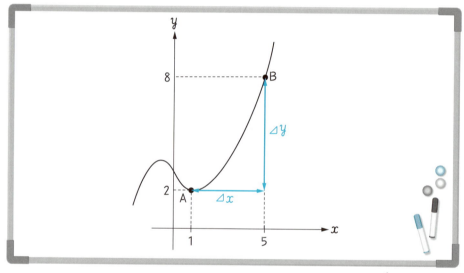

では，A, B 点を結ぶ直線の傾きはいくらでしょう。もちろん，「$\dfrac{\Delta y}{\Delta x}$」を計算して傾きは $\dfrac{3}{2}$ ですよね。

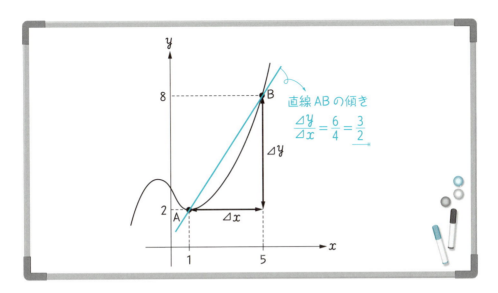

直線 AB の傾き
$$\frac{\Delta y}{\Delta x} = \frac{6}{4} = \frac{3}{2}$$

はい，これが「平均変化率」です。カンタンでしょう？　平均変化率というのは，ある離れた2点を結ぶ直線の傾きにすぎません。よって，平均変化率が次の式で定義されるのも納得してくれるはずです。

平均変化率の定義

$$\frac{\Delta y}{\Delta x} = \frac{f(b) - f(a)}{b - a}$$

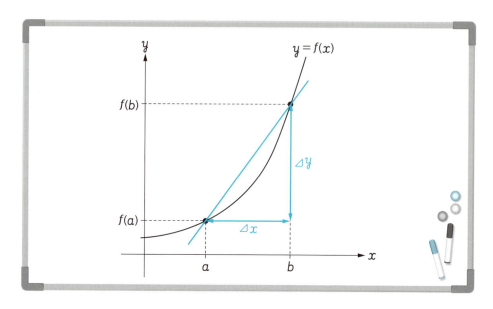

※ちなみにグラフ中に書いている $y=f(x)$ の表記はわかりますか？　これは『y は x の関数です』という意味です。それがどんな関数かはわかりませんが，何かしらの関数関係が y と x にはあるということです。f は関数の英語，function から来ています。そして，$y=f(x)$ の x に a を代入したものを $f(a)$ と書くのです。

 ▼・ω・▼ この「平均変化率」ってなんか見覚えない？

う～ん，あるかな (;´・ω・)

 ▼・ω・▼ 「平均変化率」はただ 2 点を通る直線の傾きなんだよ。中学 2 年くらいにやってるよこれ。「$\dfrac{\varDelta y}{\varDelta x}$」っていう式が出てきたよね。日本語に訳すと「$\dfrac{y の増加量}{x の増加量}$」って言えるよね。

あれ，そのフレーズは聞いたことある。あ，「変化の割合」？ (｀・∀・´)

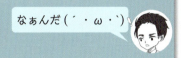

▼・ω・▼ そうそう。中学校での「変化の割合」が「平均変化率」なの。

なぁんだ (´・ω・`)

　「平均変化率」の考えは実はもうすでにいろんな場面で皆さんは使っています。例えば「平均速度」が顕著な例でしょう。下のグラフをご覧ください。

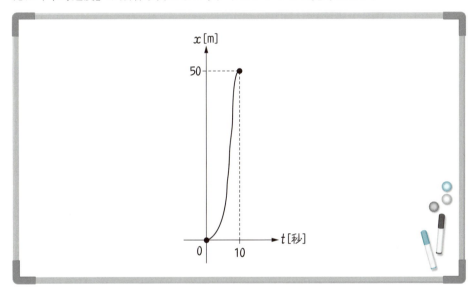

　これはある小学生男子の 50 メートル走での速さと時刻の関係性を示したものです。
　この子は 50 メートルを 10 秒で走りきっています。では，この子が走る速さはどれくらいでしょう？　もちろんパッと $50 \div 10 = 5[\mathrm{m/s}]$ ！と答えたかもしれませんが，これは嘘ですよね。あくまでもこれは「仮に 50 メートルを一定の速さで進んだとしたときの速さ」，つまり「平均速度」なんです。

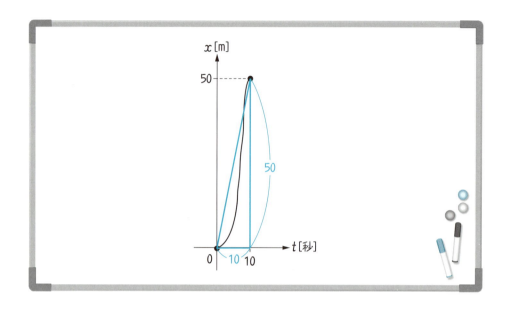

4. 極限,「限りなく近づく」とは？

　さて，ここでは「極限，極限値」について学習しましょう。極限というものがなぜ微分の学習で登場するのかを考えれば，その意味はさほど難しくはありません。

 ▼＝ω＝▼なぜ微分の話で「平均変化率」が出てくるかわかりますか？

微分は「曲がったものを狭い範囲で見て直線に近似すること」でしたよね。ん〜，「平均変化率」に直線って単語は出てきてますね(´・ω・｀)

 ▼・ω・▼いいとこに気付いたね。そうそう，曲がったものをまっすぐにして近似したいから「平均変化率」ってものを定義するの。でも「平均変化率」だけじゃダメなのもわかる？

それはわかるかも，だって曲線と直線が違いすぎるもん（ ＼・∀・´）

▼・ω・▼イイね！　そうだよね，いくら曲がったものを直線で見るからと知っても，例えば下のグラフみたいに曲がった部分をまっすぐで見ようとするのは恥ずかしいよね。全然違うもんね。

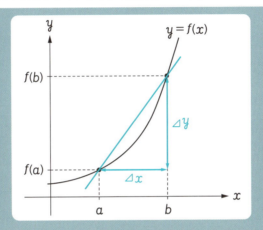

　そう，「平均変化率」のみでは，微分の核となるイメージである『曲線をものすごく狭い範囲で見て直線に近似する』の「ものすごく狭い範囲で見て～」という条件をクリアしていないのです。

　この部分を付け加える操作が「極限」なのです。

● 極限とは

　まずは「極限」とはそもそも何なのか確認しましょう。極限は以下のように定義します。

極限の定義

関数 $f(x)$ において x が α に限りなく近づくとき
$f(x)$ が β に近づくならば

$$\lim_{x \to \alpha} f(x) = \beta$$

と書き，β を x が α に近づくときの極限値という。

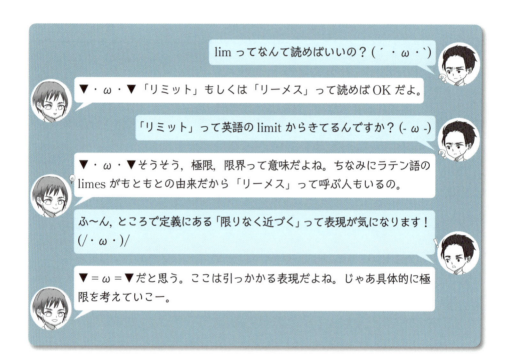

では，極限の計算をグラフとセットで見ていきましょう。

いま，$y = 2x^2$ という関数を見てみましょう。この関数の変数である x が 1 に近づくときの y の値を考えてみます。グラフ上の点と一緒に見るとわかりやすいでしょう。いまこの関数のグラフ上の点を自由に動かせると考えてみてください。すると右側から 1 に近づいても左側から 1 に近づいても，y は「2」という値を目指して動くことがわかるでしょう。

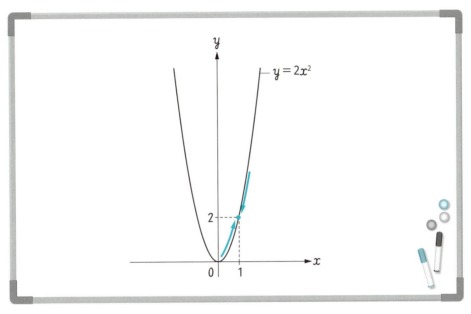

このとき, 「x が 1 に限りなく近づくときの極限値は 2 である」と表現するのです。

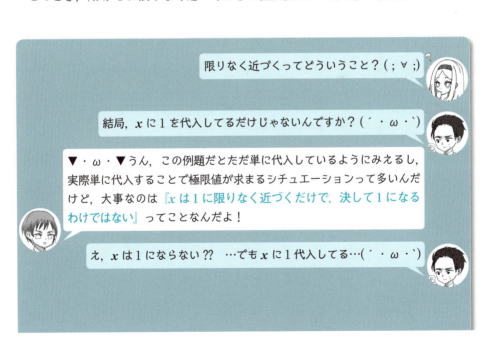

▼・ω・▼極限値っていうのは，x をその値に近づけていくとき，関数はどの値を目指していきますか？ってことを聞いているに過ぎないの。つまり，極限値は関数の「目指している目的地」ってことだね。

ああ，その言い方ならなんとなくわかるかも。x を 1 にしようとすると関数 $f(x)$ の値は「2」を目指していく，だから極限値は 2 ってことですか (ﾟ∀ﾟ)

▼・ω・▼そうそう。

ただ，単に代入してはいけない極限もありますね。例えば次のような極限計算の場合です。

$$\lim_{x \to 0} \frac{x^2 + 2x}{x}$$

このときは，いきなり代入すると $\frac{0}{0}$ という形になってしまいます。これは分数の分母に 0 がきてはならないという数学のルール違反を犯していて「不定形」と呼ばれる形になります。よって，このように不定形になる場合は，約分などを行うことにより直接代入してもよい状況まで変換してあることが必要になるのです。

$$\lim_{x \to 0} \frac{x^2 + 2x}{x}$$

$$= \lim_{x \to 0} \frac{x(x+2)}{x} \quad \text{← } x \text{ で約分！}$$

$$= \lim_{x \to 0} (x + 2) \quad \text{← この時点で代入！}$$

$$= 0 + 2 = 2$$

ふていけい？ (-_-;)

 ▼・ω・▼不定，定まらずってことだよね。極限値がユニークに決まらないってこと。不定形になるのはほかにもこんなのがあるよ↓

$$\frac{\infty}{\infty},\ \infty - \infty,\ 0^0,\ \infty \times 0 \cdots$$

へ〜っていうかさっきの計算は x が 0 に近づく−っていう極限なのに，x で約分しちゃってるけどいいの??(´・ω・`)

 ▼・ω・▼いいの，いいの。だって，x は 0 に近づきはすれど，絶対に「0」という数字にはなれないんだもん。0 じゃないから約分して OK!!

そっか(゜∀゜)

さて，極限の計算についてはひとまずこのくらいにして，もう一度概念を check しましょう。

極限とは「ある変数をある値に限りなく近づけるとき」の操作である。つまり，
ものすごくギリギリまでそばに行くとどうなるのか，を知るためのもの。

このことだけしっかり押さえておくと，なぜ微分の学習で極限を学ぶのかが理解できるでしょう。

そう，前に学んだ「平均変化率」の考えと，今回の「極限」の考えを調合させることにより，ついに「微分係数」というものを定義できるのです。

さあ，ここから本格的に「微分」の数式が登場です！

5. 微分の定義式は簡単

● 微分係数について

　ついに「微分係数」という，微分の概念がモロに入っているものを学びます。今一度，微分とは何かを確認しましょう。

　微分とは，

> ぐにゃぐにゃ曲がった「曲線」を，ものすごく狭い範囲で見て，
> まっすぐな「直線」に近似するということ!!

でしたね。

　この概念を表現するために「平均変化率」，「極限」という2つの数学手法を手に入れたのです。

　では，「微分係数」を定義します。定義式は以下の通りです。

ある関数 $f(x)$ と定数 a に対し，下の極限値を「微分係数」とよび，$f'(a)$ と書く。

$$f'(a) = \lim_{h \to 0} \frac{f(a+h) - f(a)}{h}$$

　この式は，何を表現しているかわかりますか？　実は微分係数は，$x=a$ における接線の傾きを意味しているのです！

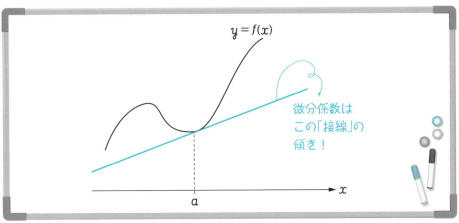

微分係数は
この「接線」の
傾き！

？？この式が接線の傾き？　なんで？(ﾟДﾟ)

▼・ω・▼まずこの定義式の右側の分数部分は何を意味するかわかる？

う～ん，なんだろ？(;∀;)

▼・ω・▼このグラフを見るとわかるかな～。

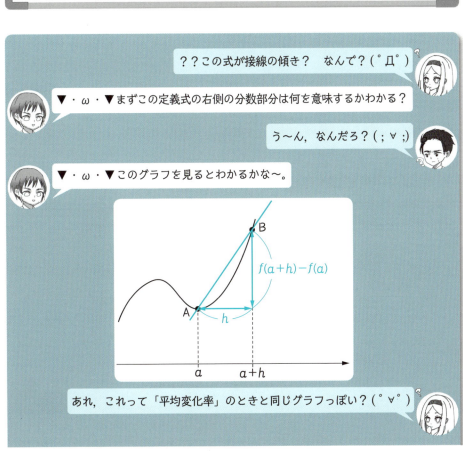

あれ，これって「平均変化率」のときと同じグラフっぽい？(ﾟ∀ﾟ)

▼・ω・▼そうそう！ これ「平均変化率」なの。でも前に紹介した平均変化率の式ってなんだっけ？

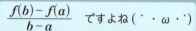 $\dfrac{f(b)-f(a)}{b-a}$ ですよね(´・ω・`)

 ▼ˆω ˆ▼OK。つまり，この「$b-a$」を「h」にしているだけだよ。その方が，x の差分 Δx を h だけっていうように簡潔に書けるからね。

 へ〜(°∀°)!

 ▼・ω・▼ちなみにこの微分係数 $f'(a)$ は「えふ，だっしゅ，えー」って読んでもいいけど，正確な読み方は「えふ，ぷらいむ，えー」だよ。

● 微分係数の意味

　微分係数の定義式が「接線の傾き」を意味していることが少しずつグラフをいじってみるとわかると思います。

　例えば，ある関数 $f(x)$ について「曲がった部分を狭い範囲で見て直線にしたい！」と思ったとしましょう。すると，まず「平均変化率」を考えます。

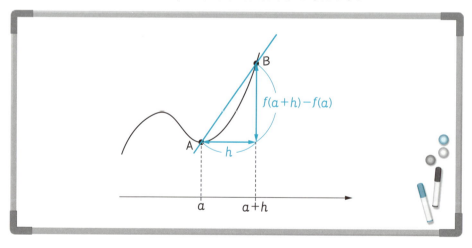

しかし，これで「曲線を直線に近似したよ！」と高らかに言うのは恥ずかしいですよね。だって，曲線と直線 AB が全然違うのですから，近似というのは「あるものとあるものがそれほど大きく変わらない」からこそ代替的に使えるよねってことですもんね。

では x の差分，つまり h を少し小さくとってみましょう。するとどうでしょうか？　先ほどよりは曲線と直線 AB は似てきています。でもまだ「近似して OK だよ」というレベルには達していません。

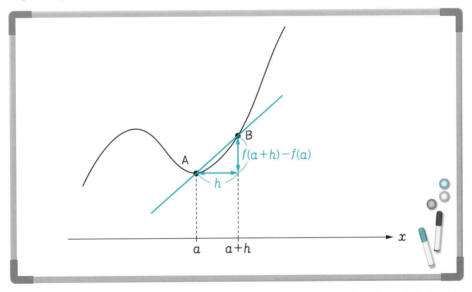

ではでは，もっともっと h を小さく，そう，人間の目ではほとんど点 A と点 B が同じ場所にあるかのように錯覚するくらいまでぐ〜〜〜〜っと近づけてみましょう。つまり，h を「限りなく 0 に近づける」操作を行うのです。極限の考えを導入してみるのです。

すると点 A の近傍，つまり近場ではもう曲線と直線 AB はほとんど同一の線に見えるのです。

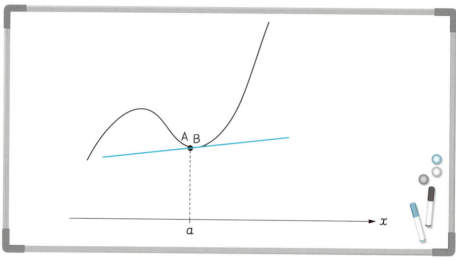

　まさに，これは微分の概念である「曲線を狭い範囲で見て，直線にする」を体現した数学定義であると理解できるのです。

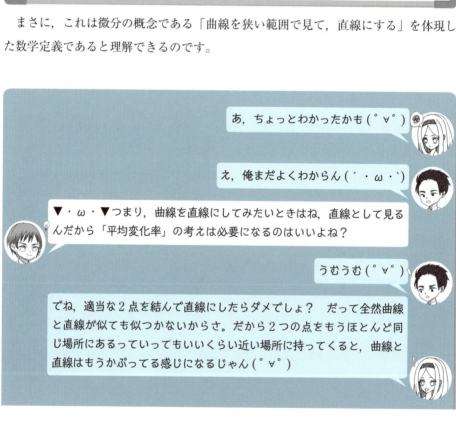

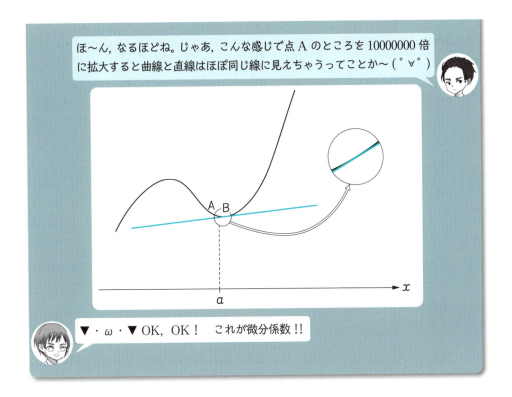

ほ〜ん，なるほどね。じゃあ，こんな感じで点Aのところを10000000倍に拡大すると曲線と直線はほぼ同じ線に見えちゃうってことか〜 (°∀°)

▼・ω・▼ OK, OK！ これが微分係数！！

　よく，微分を解説する本に「微分とは，接線の傾きを求めるもの」という記述が多くあるんですが，いったい「じゃあ，なんで接線の傾きを出す必要があるの？」と疑問を持たれる方が多いのです。

　でも，これで解決しましたね。「曲がったものをまっすぐに見たい！」と思った，だからこそ「接線の傾き」を出す必要があるのですね。

　つまり，もう一度「微分係数」の定義式を微分の概念とともに確認しておきましょう。

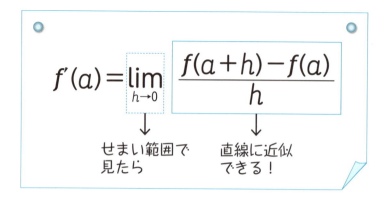

$$f'(a) = \lim_{h \to 0} \boxed{\frac{f(a+h) - f(a)}{h}}$$

↓
せまい範囲で
見たら

↓
直線に近似
できる！

6．微分係数と導関数

● 導関数は「微分係数が求まるマシーン」

　微分係数は『具体的なある点での接線の傾き』を意味しています。しかしながら，毎回定義に従って様々な点での微分係数を求めていくのは手間で面倒です。そこで，『あらゆる微分係数が求まるマシーン』が欲しいと人間は願ったのです。そこで生まれたのが導関数です。

　導関数は次のように定義します。

$$f'(x) = \lim_{h \to 0} \frac{f(x+h) - f(x)}{h}$$

んん？ これって微分係数の定義と同じでは？ (・ω・)

▼・ω・▼よ～く見てみ。ちょっと違うでしょ。

あ，もしかして a が x に変わってる？ (ﾟ∀ﾟ)

▼・ω・▼うむ，微分係数では「**具体的な a という値**」での話だったけど，いま話題にしている導関数は「あらゆる任意の点 x」での話なの。

にんい？ 任意ってなんでしたっけ？ (´・ω・`)

▼・ω・▼任意ってのは「あなたの自由意思にお任せ」，つまり「なんでもいいよ」ってこと。

なるほど，どんな x でもいいってことですね (ﾟ∀ﾟ)

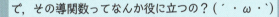

で，その導関数ってなんか役に立つの？ (´・ω・`)

▼・ω・▼めっちゃ役立つよ！ だってこの導関数をいったん求めておけば，あとは好きな x の値をいれるだけでいろんな微分係数をゲットできるんだよ。

ああ，なるほど。「導関数は微分係数を手に入れるマシーン」なんですね (ﾟ∀ﾟ)

▼＝ω＝▼いいね，そう思っておいて問題なし！！

そして，この導関数を求めることを『微分する』と表現するのです。

いま，本の章立てとして「微分係数」→「導関数」というふうに解説してきましたが，本来の微分の実用性から言うと，『導関数をまず求めて，次にある値を代入し微分係数を求めていく』ことが本筋になるのです。

7. 微分記号のあれこれ

● 微分を表現する記号

数学の世界では独特の「記号」を多用します。それが初心者にとってはとっつきにくい印象を与えているようです。だからでしょうか，理工系の本の中には「できるだけ数式を用いずに〜」というものもあります。初学者であればあるほど，数式コンプレックスを持っている人の割合は多いように感じますが。

しかしながら，知っておいてほしいのは数学・自然科学の世界に存在する「記号」たちは，『話をわかりやすくするためにデザインされたもの』ということです。ですから，むしろ「記号」を使わずに語るほうが面倒なのです。

微分の世界にも「導関数」を表す記号がいくつかあります。ここでは，そのうちよく使われている「ラグランジュの記法」「ライプニッツの記法」の2つを紹介します。

関数 $y = f(x)$ を微分するとき，

$$y', \quad f'(x) \Rightarrow ラグランジュの記法$$

$$\frac{dy}{dx}, \quad \frac{d}{dx}f(x) \Rightarrow ライプニッツの記法$$

などと書く。

　これまでの記法はすべて，「ラグランジュの記法」を用いてきたことがわかります
ね。たしかにラグランジュの記法は簡素に書けて便利なのですが，「微分の概念」と
いう意味では「ライプニッツの記法」に軍配はあがります。

　$\dfrac{dy}{dx}$ の意味は「微分の概念」を非常にうまく表現しています。ちなみにこの記号は
「でぃーえっくすぶんの，でぃーわい」とは読まずに，「でぃーわい，でぃーえっく
す」と上から順に読むのです。

　$\dfrac{dy}{dx}$ は「接線の傾き」であることを見たまんまの記号として表現しています。

　微分するとは，結局は「接線の傾き」を求めていることに対応するので，ある場所
での $\dfrac{y\text{の差分}}{x\text{の差分}}$ を計算しているにすぎません。

　つまり，$\dfrac{\Delta y}{\Delta x}$ なのですがこの表記はまずいというのは確認済みですよね。だって
Δx が大きいと直線に近似できないんですもんね。Δx を 0 に近いくらい微小なものと
見て初めて微分係数になるのです。

　そう，「$\Delta x \to 0$ に近づける」とき Δ を d に変えて「dx」と書くのです。

　つまり $\dfrac{dy}{dx}$ は『微小な場所での接線の傾き』であることを象徴しているのですね。

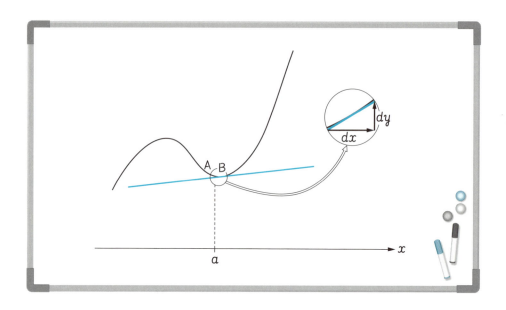

あれ，たしか $\dfrac{dy}{dx}$ って「分数ではない。だからでぃーえっくすぶんの
でぃーわいと読まずに，でぃーわいでぃーえっくすと読むんだ！」って
学校で言われた気がする (ﾟДﾟ)

うん，でも接線の傾きって意味だと分数でもよさげですよね？ (´・ω・`)

▼＝ω＝▼そうだね，$\dfrac{dy}{dx}$ が分数ではないと強調される理由はね，$\dfrac{d}{dx}$
の部分を『演算子』の記号として用いることがあるからなの。

えんざんし？？ (;´・ω・)

▼・ω・▼うん，$\dfrac{d}{dx}$ を「微分演算子」って言って，『$\dfrac{d}{dx}$ の横につい
ている関数を微分せよ』って意味で使うこともあるのね。「微分するた
めの命令」みたいなもんだよ。

へー($ ゚Д゚)

▼・ω・▼でも君たちが感じ取った通り，意味的には $\dfrac{dy}{dx}$ はまさに「分数」として扱っても全然かまわないんだよ。

ライプニッツの記法である $\dfrac{dy}{dx}$ などが優れている部分は「微分の概念」をよく表現していることのほかにもう1つ，「何で微分するのか」が明記されている点でしょう。

ラグランジュ記法の y' では，いったい何で微分しているのか不明なのです。しかし，ライプニッツ記法ではそれが明瞭に表されているのですね。

ちなみにライプニッツ記法で「$y=f(x)$ での $x=a$ における微分係数 $f'(a)$」を次のように書くので確認しておきましょう。

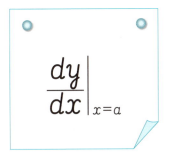

$$\left.\dfrac{dy}{dx}\right|_{x=a}$$

8. 微分公式を自分で作ってみる

● 定義にしたがい導関数を作成

ここでは，いくつかの関数について，実際に微分し導関数を求めてみましょう。まずは，簡単な関数から行きましょう。

では，$y=2x+4$ ついて微分しましょう。

49

導関数の定義は次式でしたね。

導関数の定義

$$f'(x) = \lim_{h \to 0} \frac{f(x+h) - f(x)}{h}$$

この定義式という導関数作成ガイドに従って求めてみましょう。すると次のように
なります。

$y = 2x + 4$ について
$f(x) = 2x + 4$ とすると

$$f'(x) = \lim_{h \to 0} \frac{\{2(x+h) + 4\} - \{2x + 4\}}{h}$$

$$= \lim_{h \to 0} \frac{2h}{h}$$

h で約分

$$= \lim_{h \to 0} 2$$

h を 0 に近づけてもこのまま

$$= 2$$

このように導関数は $f'(x) = 2$ となりました。ちなみにこの $y = 2x + 4$ という「1次
関数」の導関数は「傾き」がそのまま出てくることはすぐにグラフから容易に考えら
れると思います。

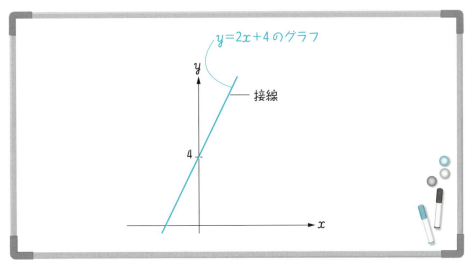

なぜなら1次関数の場合，あらゆる点での接線そのものがその1次関数のグラフと一致するので，「接線の傾き」＝「1次関数の傾き」になるのですね。

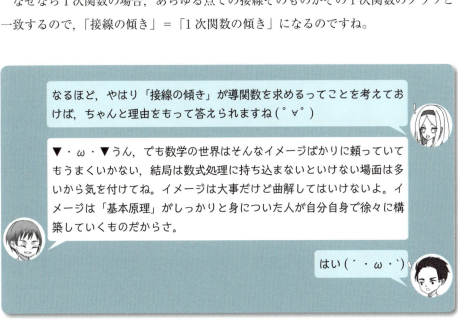

では，今度は簡単な2次関数である $y=x^2$ の導関数を求めましょう。これも定義から計算しますよ。

$$y = x^2 \text{ について}$$
$$f(x) = x^2 \text{ とすると}$$

$$f'(x) = \lim_{h \to 0} \frac{(x+h)^2 - x^2}{h}$$

$$= \lim_{h \to 0} \frac{(x^2 + 2xh + h^2) - x^2}{h}$$

$$= \lim_{h \to 0} \frac{2xh + h^2}{h}$$

h で約分

$$= \lim_{h \to 0} (2x + h)$$

h を 0 に近づける

$$= 2x$$

すると $f'(x) = 2x$ となりました。

この式が $y = x^2$ のありとあらゆる点での「接線の傾き（微分係数）を求めるマシーン」なのです。

グラフと一緒に考えてみましょう。もとの $y = x^2$ のグラフは下図のようになります。

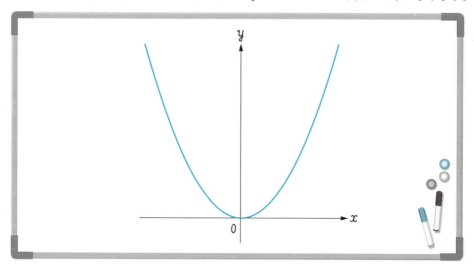

　このグラフにおいて例えば，$x=3$ と $x=-4$ という点における微分係数を求めたいと思ったとしましょう。ではどうやって求めるのか，は簡単で $f'(x)=2x$ の x の部分に $x=3$ や $x=-4$ をただ代入するだけでその点での接線の傾きが得られるのです。

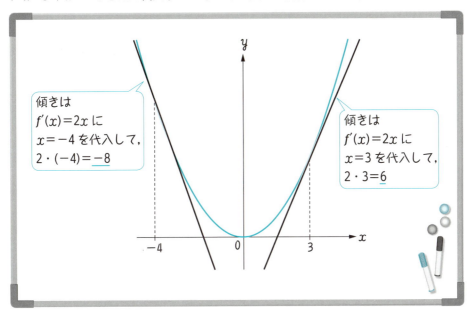

傾きは
$f'(x)=2x$ に
$x=-4$ を代入して，
$2 \cdot (-4)=\underline{-8}$

傾きは
$f'(x)=2x$ に
$x=3$ を代入して，
$2 \cdot 3=\underline{6}$

● $y=x^n$ の導関数→基本的な微分公式

　では，今度は $y=x^n$ の導関数を求めてみます。この関数の指数の n は有理数すべてでかまいませんが，今は自然数ということにしておきます。

　とにかく，いまこの関数は何次関数かすらよくわからないのでグラフにすることはもう難しいですよね。よって，導関数の定義式からしっかりと求めるほか手がないのです。

　では，求めてみましょう。

$y = x^n$ について

$f(x) = x^n$ とすると

$$f'(x) = \lim_{h \to 0} \frac{(x+h)^n - x^n}{h}$$

$$= \lim_{h \to 0} \frac{(x^n + {}_nC_1 \cdot x^{n-1} \cdot h + {}_nC_2 \cdot x^{n-2} \cdot h^2 + \cdots) - x^n}{h}$$

$$= \lim_{h \to 0} \frac{n \cdot x^{n-1} \cdot h + {}_nC_2 \cdot x^{n-2} \cdot h^2 + \cdots}{h}$$

$$= \lim_{h \to 0} (n \cdot x^{n-1} + \boxed{h \text{ がついている項}} \cdots)$$

$$= n \cdot x^{n-1}$$

はい，すると $f'(x) = nx^{n-1}$ となりました。

これがまず多くの高校生が微分の学習で覚えることになる「基本の微分公式」と呼ばれるものなのです。

今一度まとめておきます。

$$(x^n)' = nx^{n-1}$$

この公式はもちろん暗記すべきものですが，一度は自らの手で証明しておくべきなのです。公式と名の付くものは結局のところ「結果」に過ぎないわけで，その導出プロセスがいかなるものかということの方が重要になるのです。

定義から計算しているところで，$(x+h)^h$ の展開をしている部分がよくわかりません（´・ω・`）

▼・ω・▼ $(x+h)^n = x^n + {}_nC_1 \cdot x^{n-1} \cdot h + {}_nC_2 \cdot x^{n-2} \cdot h^2 + \cdots$ の部分？

はい（´・ω・`）

これって２項展開の式ですよね？（ °∀° ）

▼・ω・▼そうそう，よくわかったね。でも公式ちゃんと覚えてた？

いや，実は私もけっこう曖昧です…(;∀;)

▼・ω・▼２項展開の公式はぶっちゃけどうでもいいよ。こんなのはその場で作れるからさ。$(x+h)^n$ の展開って，$(x+h)$ が n 個掛け算されてて，その n 個のカッコの中からそれぞれ，x か h を取り出して掛け算して出てくるのが展開項になるわけね。例えば，すべてのカッコから x を取り出してかければ当然，x^n が登場するよね。もちろんこれは１通りしかないから係数も「１」なの。

ふむふむ（ `・ω・´）

▼=°ω°=▼じゃあ，次は n 個のカッコのうち１つだけ h を取り出してかけると $x^{n-1} \cdot h$ の項が出来上がるよね。でもこれって何通りかできるよね，だって h は最初のカッコからとってもいいし，最後でも途中のカッコでもいいんだもん。つまり，n 個のカッコのうちどの１つのカッコから h を取るのかを考えなきゃいけないよね。

$$(x+h)^n = \overbrace{(x+h)(x+h)(x+h)\cdots(x+h)}^{n \text{個}}$$

$$=1 \cdot x^n + {}_nC_1 \cdot x^{n-1} \cdot h + {}_nC_2 \cdot x^{n-2} \cdot h^2 + \cdots$$

すべてのカッコから
x を取り出してかける

n 個のうち 1 つの
カッコから h を
取り出してかける

あ，そうか！ だから係数に「${}_nC_1$」がついてるのか !!(ﾟ∀ﾟ)

なるほど，2 項展開に出てくるこの ${}_nC_1$ とか ${}_nC_2$ って『どのカッコから何を何個取り出してるの？』ということを意味してたんだ (ﾟ∀ﾟ)

 ▼・ω・▼ OK，そういうこと。

● 和と差の微分

微分の基本公式である $(x^n)' = nx^{n-1}$ が使えるようになると，いちいち毎回定義に戻らずとも微分計算ができるようになります。

では，それに合わせて「和と差の微分公式」というものも同時に習得しておきましょう。

「和と差の微分公式」とは以下のものです。

和と差の微分公式

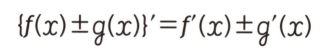

$$\{f(x) \pm g(x)\}' = f'(x) \pm g'(x)$$

つまり，複数の関数が足されていたりするときの微分は，微分操作を関数ごとに行って良いってことになります。

この性質を「微分の線形性」と呼んでいます。結果は非常に簡単で使いこなすのもさほど苦ではないと思いますが，一度証明しておきましょう。

$$\{f(x)\pm g(x)\}'=\lim_{h\to 0}\frac{f(x+h)\pm g(x+h)-\{f(x)\pm g(x)\}}{h}$$

$$=\lim_{h\to 0}\left\{\frac{f(x+h)-f(x)}{h}\pm\frac{g(x+h)-g(x)}{h}\right\}$$

$$=\lim_{h\to 0}\frac{f(x+h)-f(x)}{h}\pm\lim_{h\to 0}\frac{g(x+h)-g(x)}{h}$$

$$=f'(x)\pm g'(x)$$

へ～，公式っていままでなんとなく「そういうもんなんだ」で終わらせてましたよ（´・ω・`）

 ▼・ω・▼うん，きっとそういう人多いよね。でも「一度でいいから」導出は確認しておくべきなんだよね。で，きっちりと意味がわかってる人が実用的な行為で「公式より～」で語るのは全く問題ないの。でも，意味もわからずとにかく公式を振り回していこうとすると面白くないし，いつか限界がくるんだよね。

なるほど，じゃあ頑張って導出プロセスも確認します！（｀・ω・´）

さあ，そうするとかなり様々な微分の計算が可能となります。（ちなみに高校数学Ⅱにおける微分計算の内容はここまでの話で終わりです。）

すこし，微分計算の確認をしてみましょう。

例）

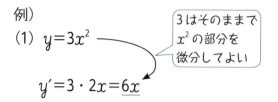

（1）　$y = 3x^2$

3 はそのままで x^2 の部分を微分してよい

$y' = 3 \cdot 2x = \underline{6x}$

（2）　$y = 4x^3 + 2x^2 + 7x + 5$

定数 5 の微分は 0

$y' = \underline{12x^2 + 4x + 7}$

9. 合成関数の微分は当たりまえ

では，次に合成関数の微分法についてお話ししたいと思います。この合成関数の微分ができるようになると非常に便利なのです。

まず，そもそも「合成関数」とはどのようなものか説明します。

例えば関数 $f(x)$ というのは，「f は x の関数」つまり「x を決めると f が決まる」という意味ですね。このときまたさらに「x が何かの関数」のとき，合成関数というのです。

例として極端ですが，次のようなものが「合成関数」です。

$$y(x(t(s(u(v \cdots$$

つまり，これは「v を決めると u が決まり」→「u を決めると s が決まり」→「s を決めると t が決まり」→「t を決めると x が決まり」→「x を決めると y が決まる」

という意味の関数なのです。こんな感じで決まっていく関数を「合成関数」と呼ぶのです。

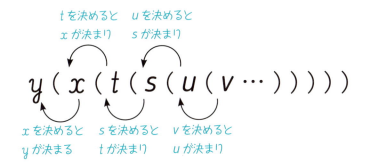

まあ，何個連なっていても理屈はいっしょなので今は次の関数を見ていきましょう。

$$y(x(t)) : 「t を決定 \to x が決定 \to y が決定」という意味の関数$$

では，この関数を「t で微分する」とどうなるでしょうか？

つまり $\dfrac{dy}{dt}$ が欲しいのです。

しかし，「微分は直線近似」という素朴な理解ができている人はこんなもの瞬間で求まります。

なぜなら「直線関係で見る」ということは，とどのつまり『比例の関係として扱う』ということなのです。

ならば，合成関数の微分が次式になることに疑問が入る余地はありません。

$$\frac{dy}{dt} = \frac{dy}{dx} \cdot \frac{dx}{dt}$$

え，なんでこんな式になるの？（´・ω・）

▼・ω・▼いま $\frac{dy}{dt}$ が知りたいわけでしょ？　つまりこれは「y と t を直線関係で近似する！」→「y と t の比例関係を知る！」ってことだよね？

はい（´・ω・）

▼・ω・▼じゃあ逆に質問！　「y と x は比例していてその比例係数は 3 です。x と t も比例していて比例係数は 4 です。では，y と t を比例関係と見たときの比例係数は？」

え〜っと，t を 4 倍したものが x で，それをさらに 3 倍したのが y だから…，結局 t を 3×4＝12 倍したのが y ですね！　比例係数は 12 です！（｀・ω・´）

▼・ω・▼そう！　それが合成関数の微分でやってること！

え？　あ〜！　この式ってそういう意味か！　まずバラバラに微分係数を求めて結局かけ算したら y と t の微分になるんだ！（・ω・）

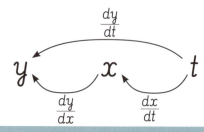

▼・ω・▼そうなんです

合成関数の微分ができるようになると，次のような計算が容易になります。

$$y = (2t^2 + 3t + 4)^3$$

このとき $\dfrac{dy}{dt}$ を求めてみましょう。すると数学Ⅱの微分計算しか知らない人は，これをいったん全体を展開してからちまちま微分していくことになるのですが，どう考えても面倒くさいですよね。

この関数を次の2つの関数の合成と見てみましょう。

$$y = x^3$$
$$x = 2t^2 + 3t + 4$$

すると，$\dfrac{dy}{dt}$ は，もちろん $\dfrac{dy}{dx} \cdot \dfrac{dx}{dt}$ なので次のように計算できるのです。

$$\begin{cases} y = x^3 \\ x = 2t^2 + 3t + 4 \end{cases}$$

$$\frac{dy}{dt} = \frac{dy}{dx} \cdot \frac{dx}{dt}$$

$$= 3x^2 \cdot (4t + 3) = 3(2t^2 + 3t + 4)^2 \cdot (4t + 3)$$

$x = 2t^2 + 3t + 4$ を代入

おおー！　すげーはえー！　こんなに速く計算できちゃうんですね (｀・ω・´)

 ▼・ω・▼うん，これは数学Ⅲの内容になってるんだけど，なんで数学Ⅱでやらないのか不思議なくらい。これって意味を考えれば当たり前のことなんだから数学Ⅱに入っていてもよさそうなのにね。

でも，「この関数は合成関数だ！」って自分で見抜けるかちょい心配です (´・ω・｀)

▼・ω・▼合成関数の微分は実用的には『外身の微分×中身の微分』って考えるといいよ。

そとみ？　なかみ？ (°Д°)

▼・ω・▼こんな感じ。

例えば，$y=(x^2+3)^6$ は，
　　　　$y=●^6$ という「外側」と●の「中」に x^2+3
　　　　が入っていると見る。
すると，

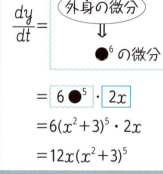

$$\frac{dy}{dt} = \boxed{●^6 \text{ の微分}} \times \boxed{x^2+3 \text{ の微分}}$$

$$= \boxed{6●^5} \cdot \boxed{2x}$$
$$= 6(x^2+3)^5 \cdot 2x$$
$$= 12x(x^2+3)^5$$

ああ，こう見れば合成関数もみやすいですね (ﾟ∀ﾟ)

　ちなみに，$\dfrac{dy}{dt} = \dfrac{dy}{dx} \cdot \dfrac{dx}{dt}$ というのをよく見ると，「まるで dx で約分しているかのよう」になっていますね。

　数学的にはその表現はすこしまずいのですが，意味的には約分していると理解しても大きな間違いではありません。

10. 積の微分と商の微分

● 積の微分法

　数学で扱う関数は様々な形で私たちの前に姿を現します。前回学んだ合成関数という形になることもありますが，それ以外にもある 2 つの関数がかけ算されている，つまり「積の形」で登場していたり，分数関数のように複数の関数が割り算されている「商の形」であったりするのです。

　それらの導関数に対しても求めやすい方法論があるので確認してみましょう。まずは「積の微分法」からです。

　いきなり結論から入りましょう。いま関数が $f(x)g(x)$ のように積の形になっているとします。

　このときの導関数，つまり $\{f(x)g(x)\}'$ は，次式となります。

$$\{f(x)g(x)\}' = f'(x)g(x) + f(x)g'(x)$$

えー，なんか感覚的に $\{f(x)g(x)\}' = f'(x)g'(x)$ になりそうな感じしてました（´・ω・｀）

▼・ω・▼うん，なんとなくでそう思ってる高校生って多い気がする。実際の微分のテストでもそう間違える人いるからね〜。

はい，これって証明できるんですか？（´・ω・｀）

▼・ω・▼できるよ，一回確認しておこうね。

　証明は次のように行います。途中で少し，技巧的な操作をする部分がありますが頑張って読んでみてください！

$$\{f(x)g(x)\}' = \lim_{h\to 0}\frac{f(x+h)g(x+h)-f(x)g(x)}{h}$$

定義式より

あえてこの項をつくる！

$$= \lim_{h\to 0}\frac{f(x+h)g(x+h)\boxed{-f(x)g(x+h)+f(x)g(x+h)}-f(x)g(x)}{h}$$

$$= \lim_{h\to 0}\frac{\{f(x+h)-f(x)\}g(x+h)+f(x)\{g(x+h)-g(x)\}}{h}$$

$$= \lim_{h\to 0}\frac{f(x+h)-f(x)}{h}\cdot g(x+\boxed{h})+f(x)\lim_{h\to 0}\frac{g(x+h)-g(x)}{h}$$

0になる

$$= f'(x)\cdot g(x)+f(x)\cdot g'(x)$$

　はい，2行目に $-f(x)g(x+h)+f(x)g(x+h)$ を無理やり入れているのがテクニック的に見えて嫌になる人もいるかもしれないですが，一応これで証明はできていますね。同じものを引いて，足してという一見無意味とも思える操作ですが，これがとても上手い証明の工夫になっているんですね。

証明は頑張って理解できました (ﾟ∀ﾟ)

▼・ω・▼ OK。

でも，やっぱり複雑で覚えられるかな～(;∀;)

▼・ω・▼「積の微分法」と「商の微分法」は自分で口ずさんだりして覚えていいよ。一度，証明したものは，後はさらっと使ってかまわないからね。「積の微分法」は【前の微分・後ろそのまま＋前そのまま・後ろ微分】って何回か唱えてみて。20 回くらい唱えれば覚えちゃうもんだよ。

$$\{f(x)g(x)\}' = f'(x)g(x) + f(x)g'(x)$$

前の微分　後ろ　　　前　　後ろ微分
　　　　そのまま　そのまま

やってみます。【前の微分・後ろそのまま＋前そのまま・後ろ微分】，【前の微分・後ろそのまま＋前そのまま・後ろ微分】，【前の微分・後ろそのまま＋前そのまま・後ろ微分】……(｀・ω・´)

では，「積の微分法」の例題として次の関数の微分を行ってみましょう。

例）
$$y = (2x+3)(4x^2+2x-5)$$
$$y' = (2x+3)' \cdot (4x^2+2x-5) + (2x+3) \cdot (4x^2+2x-5)'$$
$$= 2 \cdot (4x^2+2x-5) + (2x+3)(8x+2)$$
$$= 24x^2+32x-4$$

と，このようにいちいち全部展開せずと導関数を求めることが可能になるのです。

　最後に一言，「積の微分法」は見た目が確かにややこしく見えるので，変数 (x) を省略して次のように表されることもしばしばあります。

$$(f \cdot g)' = f' \cdot g + f \cdot g'$$

● 商の微分法

では，次に「商の微分法」についてお話ししていきましょう。

　複雑な組み合わせ関数となった場合に，「商の形」つまり，分数の形でお目にかかることは非常に多いのです。

　「商の形」での関数の微分も「商の微分法」として公式化されています。それが次の式です。

$$\left\{\frac{f(x)}{g(x)}\right\}' = \frac{f(x)'g(x) - f(x)g'(x)}{\{g(x)\}^2}$$

おえ〜，さっきの「積の微分法」よりも複雑じゃん！(ﾟДﾟ)

 ▼・ω・▼そだね。まあ「積」よりも「商」自体が難しい概念だから しょうがないっちゃ，しょうがないけどね。

ん，どういうことですか？(；∀;)

 ▼・ω・▼そもそも「わり算」って四則演算の中で一番難しいの。コン ピュータを使って計算しても割り算が一番時間かかるんだよね。

へ〜，ふ〜ん(´・ω・`)

 ▼・ω・▼だからってことでもないけど，ここはちょっと辛抱強く我慢 して乗り越えてみて。

では，証明に入りましょう。「微分の定義式」からもちろん導出可能ですが，やや 面倒くさいので，先ほど習得した「積の微分法」をさっそく使って証明をしてみま しょう。

$y=\dfrac{f(x)}{g(x)}$ とする。変形して，$f(x)=y \cdot g(x)$ となる。

これを x で微分して

$$\dfrac{d}{dx} \cdot f(x) = \dfrac{dy}{dx} \cdot g(x) + y \cdot \dfrac{d}{dx} \cdot g(x)$$

（積の微分法）

移項して

$$\dfrac{dy}{dx} \cdot g(x) = \dfrac{d}{dx} \cdot f(x) - y \cdot \dfrac{d}{dx} \cdot g(x)$$

$$\frac{dy}{dx} = \frac{1}{g(x)} \cdot \left\{ \frac{d}{dx}f(x) - y \cdot \frac{d}{dx}g(x) \right\}$$

$y = \frac{f(x)}{g(x)}$ より

$$= \frac{1}{g(x)} \cdot \left\{ \frac{d}{dx}f(x) - \frac{f(x)}{g(x)} \cdot \frac{d}{dx}g(x) \right\}$$

$$= \left(\frac{1}{g(x)}\right)^2 \left\{ \frac{d}{dx}f(x) \cdot g(x) - f(x) \cdot \frac{d}{dx}g(x) \right\}$$

$$= \frac{f'(x) \cdot g(x) - f(x) \cdot g'(x)}{\{g(x)\}^2}$$

「商の微分法」も覚えなきゃだめですか？（´・ω・｀）

 ▼・ω・▼実用的に微分する，となると覚えなきゃいけないね。でもとにかくいつも心に留めてほしいのは，「別に忘れちゃっても，自らの手で導けるんだ」ということ。その確信があれば「無理に覚えなきゃ!!」って焦らずに済むでしょ。

はい（´・ω・｀）

 ▼・ω・▼でね，そういう「いつでも導出できるし〜」って思っている人の方が結局のところ気負っていない分，しっかりと覚えていたりするもんなんだよね。

ああ，それはあるかもですね。英単語とかも「覚えよう！覚えよう！」って焦ると逆に覚えられなかったりしますから（´・ω・｀）

▼・ω・▼ 「商の微分法」は，【下の2乗分の, 上の微分・下そのまま
－上そのまま・下の微分】って考えておこう。

$$\left\{\frac{f(x)}{g(x)}\right\}' = \frac{\overbrace{f'(x)}^{\text{上の微分}}\overbrace{g(x)}^{\text{下そのまま}} - \overbrace{f(x)}^{\text{上そのまま}}\overbrace{g'(x)}^{\text{下の微分}}}{\underbrace{\{g(x)\}^2}_{\text{下の2乗}}}$$

はーい (`・ω・´)

例題を見て，実際の使い方も確認しましょう。

例）

$$y = \frac{x^3}{4x+7}$$

$$y' = \frac{(x^3)'(4x+7) - x^3 \cdot (4x+7)'}{(4x+7)^2}$$

$$= \frac{3x^2 \cdot (4x+7) - x^3 \cdot 4}{(4x+7)^2}$$

$$= \frac{x^2(8x+21)}{(4x+7)^2}$$

もちろん，「積の微分法」同様，変数 (x) を省略して表現すると下のようになりますね。

$$\left(\frac{f}{g}\right)' = \frac{f' \cdot g - f \cdot g'}{g^2}$$

ちなみに，$f(x)$ が「1」のとき，つまり，$\dfrac{1}{g(x)}$ の微分は次の形になることも明らかですよね。

$$\left\{\frac{1}{g(x)}\right\}' = \frac{g'(x)}{\{g(x)\}^2}$$

さあ，「積の微分」「商の微分」という微分操作ができるようになると，微分できる関数の世界が瞬く間に広がっていきます。

次節から，「三角関数」「指数・対数関数」など様々な関数の微分を行っていきましょう！

11. 三角関数の微分

● 三角関数の重要な極限

では，ここから「三角関数」そして次の 12 節で「指数・対数関数」の微分を考えてみようと思います。

これらの微分が自在に行えるようになれば，微分の基本は習得したといえるでしょう。

まずは「三角関数の微分」を考察したいと思いますが，その前に 1 つどうしても理解しておかねばならない「三角関数の重要な極限」があるのでそちらを確認しましょう。

それが以下の極限です。

$$\lim_{x \to 0} \frac{\sin x}{x} = 1$$

これは非常に有名な極限で受験生ならば知っていて当然というくらい認知度は高いものです。しかし，その証明はよく知らないという人も多いので確認しておきましょう。

　まずは次のような図を考えましょう。ここでは，扇形 OAB は半径が 1 の単位円の一部であり，∠OAH ＝ $\frac{\pi}{2}$ [rad] であるとしています。

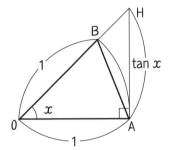

左図において
△ OAB，扇形 OAB，△ OAH の面積には
次の大小関係がある。

△ OAB ＜扇形 OAB ＜△ OAH

これを数式で表現すると，

$$\frac{1}{2} \cdot 1 \cdot 1 \cdot \sin x < 1^2 \cdot \pi \cdot \frac{x}{2\pi} < \frac{1}{2} \cdot 1 \cdot \tan x$$

$$\therefore \quad \sin x \quad < \quad x \quad < \quad \tan x$$

$$\boxed{\frac{\sin x}{\cos x}} \quad \div \sin x$$

$$1 \quad < \quad \frac{x}{\sin x} \quad < \quad \frac{1}{\cos x}$$

逆数にすると

$$1 \quad > \quad \frac{\sin x}{x} \quad > \quad \cos x$$

逆数にしたから
不等号の向きが
反転する

ここで，

$$\lim_{x \to 0} 1 = 1,$$

$$\lim_{x \to 0} \cos x = 1 \quad になることより$$

「はさみうちの原理」から　$\lim_{x \to 0} \frac{\sin x}{x} = 1$　となる。

はさみうちの原理ってなんでしたっけ？？ (´・ω・｀)

▼・ω・▼はさみうち，挟み撃ち，挟撃，「両側からはさむように攻撃すること」だよね。挟み撃ちの原理っていうのは，ある極限を真ん中において右辺，左辺ではさんでその両側の極限値が同じ値になるなら，真ん中の極限もその値になるよっていう定理のこと。

どゆこと？ (；∀；)

▼・ω・▼例えば，次のようにイメージするといいよ。囚人が 2 人の警察官に挟まれて歩いています。この 2 人の警察官の目的地は A という部屋です。ならば，必然的に囚人が入る部屋も A になるよねってこと。

なるほど，でもなんでそんなたとえするんですか？ (;´・ω・)

▼・ω・▼はさみうちの原理は，海外ではこの「2 人の警察官」のたとえを使って教わることが多いんだよ。

へ〜(ﾟ∀ﾟ)

● 三角関数の公式の出発点「加法定理」

　三角関数には様々な公式があり混乱する高校生が多いのですが，そのほとんどが「加法定理」から瞬時に導けるのです。つまり大事なのは「半角・2倍角の公式」「和積・積和の公式」の導出をきちんと自ら実行できるようにすることで，ただがむしゃらに呪文のように唱えて丸暗記することではないのです。

　では，まず様々な公式の出発点である「加法定理」の証明を行いましょう。加法定理とは以下のものであることは，多くの方が知っていると思います。

$$\sin(\alpha \pm \beta) = \sin\alpha\cos\beta \pm \cos\alpha\sin\beta$$
$$\cos(\alpha \pm \beta) = \cos\alpha\cos\beta \mp \sin\alpha\sin\beta$$
$$\tan(\alpha \pm \beta) = \frac{\tan\alpha \pm \tan\beta}{1 \mp \tan\alpha\tan\beta}$$

　sin は「咲いたコスモス，コスモス咲いた」，cos の方は「コスモスコスモス，咲いた咲いた」などとゴロ合わせで理屈なしで覚えた人が多いかと思います。そのような公式丸暗記に対する警鐘なのか，かつて 1999 年東大の入試で『加法定理を証明せよ』という問題が出題されました。受験生ならだれでも知っている「加法定理」ですが，その証明がスラスラできる人となると数はぐっと減ると言われています。

　加法定理の証明法はいくつかありますし，のちに学ぶ「オイラーの公式」を用いた方法が最もシンプルでスピーディーですが，ここでは高校生でもできる方法を紹介します。

　「cos の加法定理」→「sin の加法定理」→「tan の加法定理」の順で証明していきます。まず，単位円上の2点PとQを用いて cos の加法定理を導きましょう。

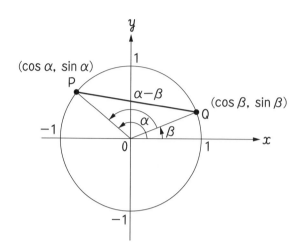

▶cos の証明◀

　△OPQ について，余弦定理より

$$PQ^2 = 1^2 + 1^2 - 2 \cdot 1 \cdot 1 \cos(\alpha - \beta)$$

$$= 2 - 2\cos(\alpha - \beta) \cdots ①$$

次に，線分 PQ について距離の公式より

$$PQ^2 = (\cos\beta - \cos\alpha)^2 + (\sin\beta - \sin\alpha)^2$$

$$= 2 - 2(\cos\alpha \cos\beta + \sin\alpha \sin\beta) \cdots ②$$

①，②より

$$2 - 2\cos(\alpha - \beta) = 2 - 2(\cos\alpha \cos\beta + \sin\alpha \sin\beta)$$

$$\therefore \quad \cos(\alpha - \beta) = \cos\alpha \cos\beta + \sin\alpha \sin\beta \cdots (*)$$

β を $-\beta$ にすると

$$\cos(\alpha + \beta) = \cos\alpha \cos\beta - \sin\alpha \sin\beta$$

となる。

▶sin の証明◀

　（*）において α を $90° - \alpha$ にすると，

$$\cos(90° - \alpha - \beta) = \cos(90° - \alpha)\cos\beta + \sin(90° - \alpha)\sin\beta$$

$$\therefore \quad \sin(\alpha + \beta) = \sin\alpha\cos\beta + \cos\alpha\sin\beta$$

β を $-\beta$ とすると

$$\sin(\alpha - \beta) = \sin\alpha\cos\beta - \cos\alpha\sin\beta$$

となる。

▶tan の証明◀

$$\tan(\alpha + \beta) = \frac{\sin(\alpha + \beta)}{\cos(\alpha + \beta)} = \frac{\sin\alpha\cos\beta + \cos\alpha\sin\beta}{\cos\alpha\cos\beta - \sin\alpha\sin\beta}$$

$$= \frac{\tan\alpha + \tan\beta}{1 - \tan\alpha\tan\beta}$$

分母・分子を $\cos\alpha\cos\beta$ で割る

β を $-\beta$ とすると

$$\tan(\alpha - \beta) = \frac{\tan\alpha - \tan\beta}{1 + \tan\alpha\tan\beta}$$

となる。

● 三角関数の公式いろいろ

では，先ほど導いた「加法定理」を用いて様々な公式の導出をやってみましょう。

◆2倍角の公式◆

2倍角の公式とは次式のものです。

$$
\begin{aligned}
&1.\quad \sin 2\alpha = 2\sin\alpha\cos\alpha \\
\\
&2.\quad \cos 2\alpha = \cos^2\alpha - \sin^2\alpha \\
&\qquad\qquad = 2\cos^2\alpha - 1 \\
&\qquad\qquad = 1 - 2\sin^2\alpha \\
&3.\quad \tan 2\alpha = \frac{2\tan\alpha}{1-\tan^2\alpha}
\end{aligned}
$$

これらは先ほどの加法定理において $\beta = \alpha$ にすると，すぐに導出できますね。

$$
\begin{aligned}
\cdot\ \sin(\alpha + \alpha) &= \sin\alpha\,\cos\alpha + \cos\alpha\,\sin\alpha \\
&= 2\sin\alpha\,\cos\alpha
\end{aligned}
$$

$$
\begin{aligned}
\cdot\ \cos(\alpha + \alpha) &= \cos\alpha\,\cos\alpha - \sin\alpha\,\sin\alpha \\
&= \cos^2\alpha - \sin^2\alpha \\
&= 1 - 2\sin^2\alpha \\
&= 2\cos^2\alpha - 1
\end{aligned}
$$

$\cos^2\alpha = 1 - \sin^2\alpha$ を代入

$\sin^2\alpha = 1 - \cos^2\alpha$ を代入

$$
\begin{aligned}
\cdot\ \tan(\alpha + \alpha) &= \frac{\tan\alpha + \tan\alpha}{1 - \tan\alpha\,\tan\alpha} \\
&= \frac{2\tan\alpha}{1 - \tan^2\alpha}
\end{aligned}
$$

◆半角の公式◆

$$\sin^2\alpha = \frac{1-\cos 2\alpha}{2}$$

$$\cos^2\alpha = \frac{1+\cos 2\alpha}{2}$$

$$\tan^2\alpha = \frac{1-\cos 2\alpha}{1+\cos 2\alpha}$$

半角の公式は $\cos$ の2倍角の公式を用いると次のようにすぐ求まります。

$$\cos 2\alpha = 1 - 2\sin^2\alpha \quad \text{より}$$

$$\sin^2\alpha = \frac{1-\cos 2\alpha}{2}$$

$$\cos 2\alpha = 2\cos^2\alpha - 1 \quad \text{より}$$

$$\cos^2\alpha = \frac{1+\cos 2\alpha}{2}$$

$$\tan^2\alpha = \frac{\sin^2\alpha}{\cos^2\alpha} = \frac{1-\cos 2\alpha}{1+\cos 2\alpha}$$

あれ？　半角の公式って「$\sin^2\frac{a}{2} = \frac{1-\cos a}{2}$」って書き方じゃなかった？ (;´・ω・)

▼・ω・▼うん，そう書いてる参考書もあるよね。でも上の形でも言ってることは同じだし，半角の公式は，次数を「2次→1次」へ落とす式であるってことが最も大事だから，書き方自体は些末な問題だよ。

なるほど，半角の公式は角度が半分だから〜ってことじゃなくて「次数下げの公式」なんですね (゜∀゜)

▼＝ω＝▼ うむ，そういうこと。

◆積和の公式◆

微積分の問題でよく登場する「積和・和積の公式」についても同様に加法定理から導出できます。まず，積和の公式というのは次のものです。

$$\mathrm{I} : \sin\alpha\cos\beta = \frac{1}{2}\{\sin(\alpha+\beta)+\sin(\alpha-\beta)\}$$

$$\mathrm{II} : \cos\alpha\sin\beta = \frac{1}{2}\{\sin(\alpha+\beta)-\sin(\alpha-\beta)\}$$

$$\mathrm{III} : \cos\alpha\cos\beta = \frac{1}{2}\{\cos(\alpha+\beta)+\cos(\alpha-\beta)\}$$

$$\mathrm{IV} : \sin\alpha\sin\beta = \frac{1}{2}\{\cos(\alpha+\beta)-\cos(\alpha-\beta)\}$$

これらは次のように導きます。

加法定理より

$$\sin(\alpha+\beta)=\sin\alpha\cos\beta+\cos\alpha\sin\beta \quad \cdots ①$$
$$\sin(\alpha-\beta)=\sin\alpha\cos\beta-\cos\alpha\sin\beta \quad \cdots ②$$
$$\cos(\alpha+\beta)=\cos\alpha\cos\beta-\sin\alpha\sin\beta \quad \cdots ③$$
$$\cos(\alpha-\beta)=\cos\alpha\cos\beta+\sin\alpha\sin\beta \quad \cdots ④$$

Ⅰは，(①+②)×$\dfrac{1}{2}$ より，Ⅱは (①−②)×$\dfrac{1}{2}$ より

Ⅲは，(③+④)×$\dfrac{1}{2}$ より，Ⅳは (③−④)×$\dfrac{1}{2}$ より導出できる。

◆和積の公式◆

和積の公式は次の形のものです。

$$Ⅰ：\sin A+\cos B=2\sin\frac{A+B}{2}\cdot\cos\frac{A-B}{2}$$

$$Ⅱ：\sin A-\sin B=2\cos\frac{A+B}{2}\cdot\sin\frac{A-B}{2}$$

$$Ⅲ：\cos A+\cos B=2\cos\frac{A+B}{2}\cdot\cos\frac{A-B}{2}$$

$$Ⅳ：\cos A-\cos B=-2\sin\frac{A+B}{2}\cdot\sin\frac{A-B}{2}$$

これらは積和の公式で $\alpha+\beta=$A，$\alpha-\beta=$B として移項すると瞬時に得られる式です。一番最初の式のみ導出しておきましょう。

$$\sin\alpha\cos\beta=\frac{1}{2}\{\sin\boxed{(\alpha+\beta)}+\sin\boxed{(\alpha-\beta)}\}$$

$$\frac{A+B}{2}\qquad\frac{A-B}{2}\qquad A\qquad B$$

$$\therefore\quad 2\sin\frac{A+B}{2}\cdot\cos\frac{A-B}{2}=\sin A+\cos B$$

どうでしょうか？ いずれの三角関数の公式もこのようにちょこっと加法定理をいじると得られるものなのです。

いままで無理やり何回も紙に書いたり，繰り返し言葉にして覚えようとしてました (;∀;)

▼・ω・▼うん，だから「三角関数は公式が多くてイヤ!!」と思ってしまう人が多いんだね。でも大切なのは自分で簡単に導くことができるってこと。導けるってことは『覚えられるんじゃなくて，忘れないようになる』ってことなんだよ。

なるほど，そういう意味でも式の導出は自分でもできるようにしておくべきなんですね。がんばろっと (´・ω・`)

● $\sin x$ の微分

ではでは，ついに三角関数の微分を実行してみましょう。そのための準備はこれまでの議論でもう完了しています。

まずは正弦関数，$\sin x$ の導関数を求めましょう。もちろん定義に従って考えていきましょう。途中で「三角関数の重要な極限」と「和積の公式」を用いる点に注意してください。

$$f(x) = \sin x \quad について$$

$$f'(x) = \lim_{h \to 0} \frac{f(x+h) - f(x)}{h}$$

$$= \lim_{h \to 0} \frac{\sin(x+h) - \sin x}{h}$$

和積の公式 II より

$$= \lim_{h \to 0} \frac{2\cos\left(x + \dfrac{h}{2}\right) \cdot \sin \dfrac{h}{2}}{h}$$

$$= \lim_{h \to 0} \cos\left(x + \frac{h}{2}\right) \cdot \frac{\sin\dfrac{h}{2}}{\dfrac{h}{2}}$$

$$\left.\begin{array}{c}\\ \end{array}\right\} \quad \lim_{x \to 0} \frac{\sin x}{x} = 1 \text{ より}$$

$$= \cos\left(x + \frac{0}{2}\right) \cdot 1$$

$$= \cos x$$

$$\therefore \quad (\sin x)' = \cos x$$

以上より，$\sin x$ を微分すると $\cos x$ になることが証明できました。

● $\cos x$ の微分

次に余弦関数，$\cos x$ の微分も確認しましょう。ここでは $\cos$ をいったん $\sin$ に変換してから「合成関数の微分」を行う方法を採用しましょう。

$$f(x) = \cos x \text{ について}$$

$$f'(x) = (\cos x)'$$

$$= \left\{ \sin\left(\frac{\pi}{2} - x\right) \right\}'$$

$$\left.\begin{array}{c}\\ \end{array}\right\} \quad \text{合成関数の微分}$$

$$= \cos\left(\frac{\pi}{2} - x\right) \cdot \left(\frac{\pi}{2} - x\right)'$$

$$= \sin x \cdot (-1)$$

$$= -\sin x$$

$$\therefore \quad (\cos x)' = -\sin x$$

● **$\tan x$ の微分**

最後に $\tan x$ の微分です。これは $\tan x = \dfrac{\sin x}{\cos x}$ として，「商の微分公式」を用いてみましょう。

$$f(x) = \tan x \text{ について}$$

$$
\begin{aligned}
f'(x) &= \left(\frac{\sin x}{\cos x} \right)' \\[1ex]
&= \frac{(\sin x)' \cdot \cos x - \sin x \cdot (\cos x)'}{\cos^2 x} \quad \text{商の微分公式} \\[1ex]
&= \frac{\cos^2 x + \sin^2 x}{\cos^2 x} \quad \cos^2 x + \sin^2 x = 1 \\[1ex]
&= \frac{1}{\cos^2 x}
\end{aligned}
$$

$$\therefore \quad (\tan x)' = \frac{1}{\cos^2 x}$$

さあ，いかかでしょうか。もう一度結論だけ以下にまとめてみましょう。

$$(\sin x)' = \cos x$$
$$(\cos x)' = -\sin x$$
$$(\tan x)' = \frac{1}{\cos^2 x}$$

ふ〜，証明を追っていくと意外と大変でした（｀・ω・´）

▼・ω・▼そう？　でもいい経験になるでしょ。証明する段階でいままで学んだことも用いたりするから復習にもなるしね。

確かにそうですね！　これまで培ったものでちゃんと説明できるんだって感じたことはいい経験になりました (ﾟ∀ﾟ)

▼・ω・▼そう思ってくれるならよかったよかった。ちなみに三角関数の微分の方法はここで紹介したもの以外にいくつかあるから，興味があったら調べてみてね。

あ，そうなんですか？　わかりました。ちょっと調べてみます (｀・ω・´)

● グラフでの理解

　最後に sin x と，cos x のグラフから導関数がなぜ「cos x」と「−sin x」にそれぞれなるのかを確認しましょう。「微分とは，接線の傾きを求めることに対応する」，ということがよく理解できると思います。

◆ $(\sin x)' = \cos x$ になることの確認◆

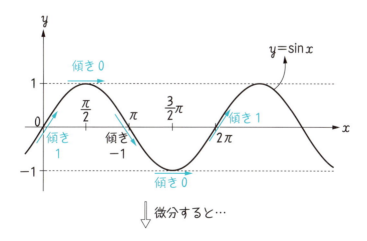

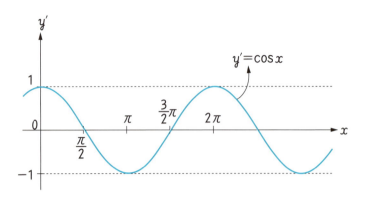

◆ $(\cos x)' = -\sin x$ になることの確認◆

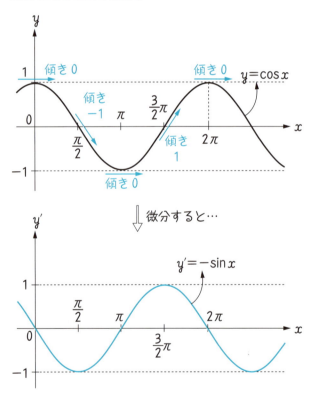

12. 指数・対数関数の微分

● ネイピア数 e の極限と対数関数の微分

　では，指数関数，及び対数関数の微分法についてお話ししていきましょう。この部分ができるようになればもう本当に微分法の基本はマスターしたようなものです。まずは，この指数・対数関数の微分法で必ず登場する「ネイピア数 e」についての極限を考えます。

　三角関数の微分においても極限 $\lim_{x \to 0} \dfrac{\sin x}{x} = 1$ は必要でしたよね。それと同じで指数・対数関数の微分でもある極限が必要なのだと理解してください。

　はい，ではまず定義からふつうに $f(x) = \log_a x$ の微分を考えます。途中で技巧的な操作もあるので注意して追ってください。

$$f(x) = \log_a x \text{ について}$$

$$f'(x) = \lim_{h \to 0} \frac{\log_a(x+h) - \log_a x}{h}$$

$$= \lim_{h \to 0} \frac{\log_a \dfrac{x+h}{x}}{h}$$

$$= \lim_{h \to 0} \frac{\log_a\left(1 + \dfrac{h}{x}\right)}{h}$$

$$= \lim_{h \to 0} \frac{1}{x} \cdot \frac{x}{h} \log_a\left(1 + \frac{h}{x}\right)$$

技巧的に $\dfrac{h}{x}$ の逆数 $\dfrac{x}{h}$ をつくった

ここで，$\dfrac{h}{x}=t$ とすると，h が 0 に近づくとき t も 0 に近づくので，上の式は以下のように書きかえられる。

$$\lim_{t \to 0} \frac{1}{x} \cdot \frac{1}{t} \log_a(1+t)$$

$\dfrac{1}{x}$ を lim の前へ
かつ
$\dfrac{1}{t}$ を対数の中へ

$$=\frac{1}{x} \lim_{t \to 0} \left\{ \log_a(1+t)^{\frac{1}{t}} \right\}$$

lim と log を入れかえた

$$=\frac{1}{x} \log_a \left\{ \lim_{t \to 0} (1+t)^{\frac{1}{t}} \right\}$$

以上から，結局のところ重要な課題は極限 $\lim_{t \to 0}(1+t)^{\frac{1}{t}}$ がいったいどんな値になるのか，ということです。

実は，この極限値は昔から実験的によく用いられている値で，それを「ネイピア数 e」（やオイラー数）と呼んでいるのです。

具体的な値は…

$$e= \lim_{t \to 0} (1+t)^{\frac{1}{t}} =2.7182818\cdots$$

という「無理数」になります。

さて，ネイピア数 e を用いると先ほどの対数関数の導関数は以下のように書くことができます。

$$f'(x)=\frac{1}{x} \cdot \log_a e$$

すると，$a = e$ となると面白いことが起きます。

ここで，$a = e$ とすると

$$f'(x) = \frac{1}{x} \cdot \log_e e$$

$$= \frac{1}{x}$$

$\log_e e = 1$

なんと底を e という特別な値に設定すると，その対数関数の微分は $\frac{1}{x}$ というものすごく簡単な式になるのです。

このように底を e とする対数を『自然対数』と呼んでいます。「自然〜」と呼ぶ理由は，この e を導入することが数学的に「自然的な行為」であることと，e が私たちの住む宇宙・自然界にありふれたものだからです。それについてはおいおい「微分方程式」の章などでお話しすることにしましょう。

ちなみに，$\log_e x$ は底の e を省略して単純に $\log x$ とか，$\ln x$ と書くこともあります。本書では，今後 $\log x$ が出てきたら「自然対数」だと考えてください。

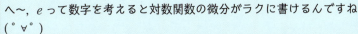

へ〜，e って数字を考えると対数関数の微分がラクに書けるんですね (°∀°)

▼・ω・▼そうそう，とどのつまり「ネイピア数 e」は微積分の研究をうまく進行させたいという思いから生まれたんだよ。

ほうほう (´・ω・`)

いま，対数関数をやったけど，指数関数も e を使うと簡単になるのかな？(` ・ ∀ ・ ´)

▼・ω・▼ うむ，ビックリするくらい簡単になるよ。

マジ!? ラッキー(゜∀゜)

▼・ω・▼ その前に，「ネイピア数 e」についての理解を深めてみよう。

● ネイピア数 e のもう1つの定義と重要極限

$e=\lim_{t \to 0}(1+t)^{\frac{1}{t}}$ が e の定義式と紹介しましたが，これは $t=\dfrac{1}{s}$ とすると次のように書き換えることも可能ですね。

$$\lim_{t \to 0}(1+t)^{\frac{1}{t}}$$

$t=\dfrac{1}{s}$ とすると，$t \to 0$ のとき，
$s \to \infty$ なので

$$\lim_{s \to \infty}\left(1+\frac{1}{s}\right)^{s}=e$$

　どちらの定義も単なる言い換えに過ぎないのであまり神経質になる必要はありませんが，確認はしておきましょう。

　そして，指数関数の微分法で必要になる重要極限として次があります。

$$\lim_{x \to 0}\frac{e^{x}-1}{x}=1$$

証明しましょう。

$$e^x - 1 = \frac{1}{s} \quad とする。$$

$$e^x = 1 + \frac{1}{s}$$

両辺の自然対数をとると,

$$\log e^x = \log\left(1 + \frac{1}{s}\right)$$

$$x = \log\left(1 + \frac{1}{s}\right) \quad となる。$$

よって,

$$\lim_{x \to 0} \frac{e^x - 1}{x} \quad は次のようになる。$$

$$\lim_{s \to \infty} \frac{1}{s\log\left(1 + \frac{1}{s}\right)}$$

> $x \to 0$ のとき, $s \to \infty$
> $e^x - 1 = \frac{1}{s}$
> $x = \log\left(1 + \frac{1}{s}\right)$ より

$$= \lim_{s \to \infty} \frac{1}{\log\left(1 + \frac{1}{s}\right)^s}$$

> $\lim_{s \to \infty} \left(1 + \frac{1}{s}\right)^s = e$

$$= \frac{1}{\log e} = 1$$

● 指数関数の微分

以上までの「ネイピア数 e」の諸公式を用いると,指数関数の微分もたやすく求めることができます。

もちろん底を e とする指数関数を扱います。

$f(x) = e^x$ について

$$f'(x) = \lim_{h \to 0} \frac{e^{x+h} - e^x}{h}$$

$$= \lim_{h \to 0} e^x \cdot \frac{e^h - 1}{h}$$

$$\lim_{h \to 0} \frac{e^h - 1}{h} = 1$$

$$= e^x$$

すると，このように e^x の導関数は，全く同じ e^x になることが示されました。

え！　$y = e^x$ の微分って e^x のままなんですか？ (ﾟДﾟ)

▼・ω・▼そうなんだよ。すごいカンタンでしょ？　微分しても全く同じになる関数なんてすごく珍しいんだよ。

ネイピア数 e を使うと指数・対数関数の微分ってほんとに簡潔に書けていいですね(・ω・)/

▼・ω・▼ね，そうだよね。ちなみになんだけど，e^x を $\exp x$ と書くこともあるよ。

指数・対数関数の微分を今一度まとめておきましょう。

$$(\log x)' = \frac{1}{x}$$

$$(e^x)' = e^x$$

13. 微分不可能なものもある

● 微分できない＝接線に近似できない

さて，これまで様々な関数の微分法についてお話してきましたが，その基本となる概念は『曲がったものを狭い範囲で見て直線に近似すること』でした。つまり，複雑な関数を局所的にみると「接線」に近似してもよいということですね。

すると，世の中には「微分できない関数」もあることは至極当然の結論として言えます。

つまり，いくら狭い範囲で見ても『接線が引けない』ような関数は微分できないのです。

例えば，次のように $x=1$ でプチっと途切れてしまっている関数は，いくら $x=1$ を拡大しても1本の接線は引けません。これを数学的には「不連続」といいます。

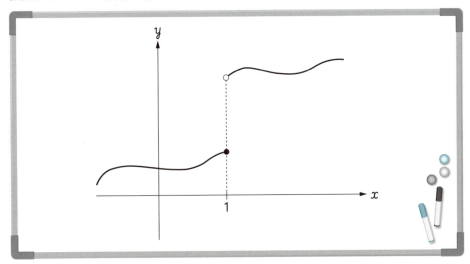

では，つながっている関数ならすべて微分可能か，というとそれも NO です。つながっていても，つまり連続な関数であっても次のように『尖っている』部分を持つ関数はいくらその点を拡大しても尖ったままなので，やはり1本の接線は引けないのです。

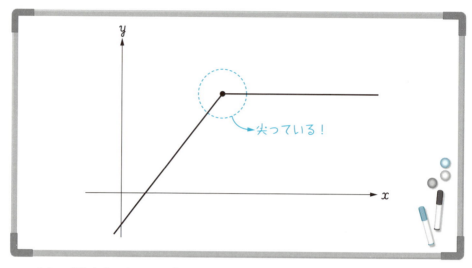

つまり，「微分する」には，『つながっていて（連続），なめらかな関数』であることが条件として言えるのです。

ちなみに微分不可能な点のことを「特異点」といいます。

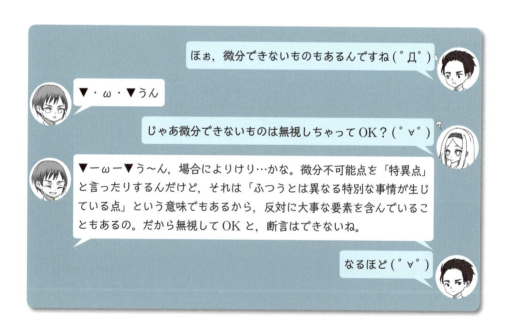

第3章

微分にまつわる
いろんな定理

1. ロルの定理

● テイラー展開がひとまずのゴール

　では，この章からは「微分にまつわるいろんな定理」の紹介を行っていきます。その基本軸となる考えは「テイラー展開を習得する」ことだと理解してください。テイラー展開とは，多種多様な場面で活躍する「近似計算」の手法です。ひとまずはこの「テイラー展開」のためにいまからいろんな定理を確認していくんだ，と思っていてかまいません。

「微分にまつわるいろんな定理」ってなんか難しそう（；∀；）

▼・ω・▼う～ん，どうだろう。最初の方はそこまで難しくないと感じるけど，やっぱりテイラー展開あたりまでくると嫌になる人は多いかもね。

そうなんですか（´・ω・｀）

▼・ω・▼まあ，テイラー展開とかは大学課程の数学だしね。

え！　あ，そうなの!?　じゃあ，めちゃくちゃ難解なんじゃ？？（；∀；）

▼・ω・▼難解に思えるかもだけど，微分の概念を勉強しているのに，近似計算の重要な手段である「テイラー展開」を知らないっていうのはやっぱりズレてると思う。「テイラー展開」まで勉強してやっとホントに「微分を学んだ！」って感じなんだよ。

じゃ，じゃあ頑張ってみます！（｀・ω・´）

では，ここでは『ロルの定理』について紹介いたします。ロルの定理というのは以下のようなものです。

> 区間 $[a, b]$ で連続，区間 (a, b) で微分可能な関数 $f(x)$ で，$f(a) = f(b)$ であるとき，$f'(c) = 0$ となる点 C が区間 (a, b) の間に少なくとも 1 つは存在する。

※区間 $[a, b]$ とは $a \leq x \leq b$ のことであり，「閉区間」という。区間 (a, b) とは $a < x < b$ のことであり「開区間」という。

いきなり全然わからないっす (-_-;)

 ▼・ω・▼最初はけっこう面食らってしまうよね。わかる，わかる。数学は厳密性，正確性をとても大事にする学問だから曖昧さのない表現にせざるをえないのね。

だから，難しい言葉を使うんですか？ (; ∀ ;)

▼・ω・▼難しい言葉っていうか，普段使っているような日常言語では不十分ってことだよね。定理の表し方において聞きなじみの少ない専門用語とかを使用するのは致し方ない。

はぁ…専門用語かぁ (´・ω・`)

▼・ω・▼でも，「ロルの定理」の言っていること自体はそんなに複雑じゃないよ。

ホントっすか !?(` ・∀・´)

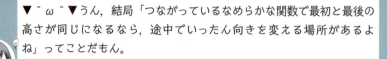

▼＾ω＾▼ うん，結局「つながっているなめらかな関数で最初と最後の高さが同じになるなら，途中でいったん向きを変える場所があるよね」ってことだもん。

ロルの定理を「ざっくりと」説明すると，次のようになります。いま，グラフ上の点 A と点 B は同じ高さに存在します。

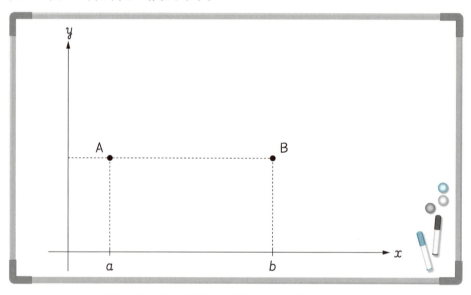

では，点 A と点 B をなめらかな線でお好きにつなげてみてください。すると，いろんな線が描けますよね。

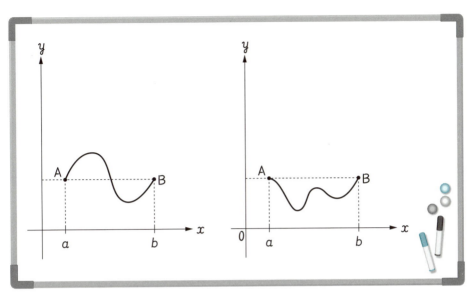

　そして，これらは途中で必ず傾きが0，つまり水平な接線を引ける位置が必ず存在することがグラフから理解できます。これが，「ロルの定理」のおおまかな説明です。

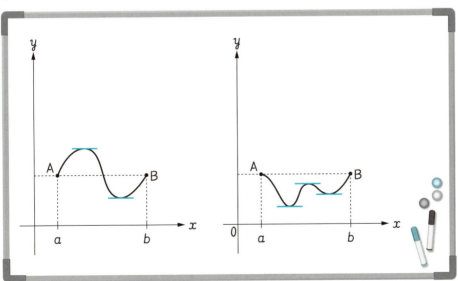

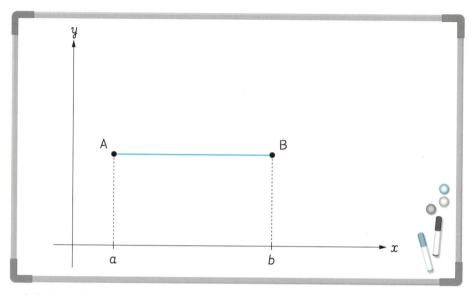

　もちろん，点Aと点BをまっすぐつないでもOKです。このときは，区間 (a, b) のあらゆる点が接線の傾き0の点になります。

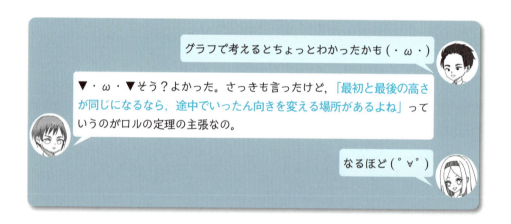

● ロルの定理の証明

　この「ロルの定理」の証明は次の「ヴァイエルシュトラスの定理」によって示されます。

区間 $[a, b]$ で連続な関数は，最大値・最小値をもつ。

証明は以下の通りです。

区間 $[a, b]$ で，$f(x) > f(a)$ が存在するとき，$f(x)$ が最大となる点 $C(x = c)$ がある。

$h > 0$ のとき　$f(c+h) \leqq f(c)$ なので

$$\frac{f(c+h) - f(c)}{h} \leqq 0$$

よって，$\displaystyle\lim_{h \to +0} \frac{f(c+h) - f(c)}{h} \leqq 0$

$$f'(c) \leqq 0 \quad \cdots ①$$

$h < 0$ のとき　$f(c+h) \leqq f(c)$ なので

$$\frac{f(c+h) - f(c)}{h} \geqq 0$$

よって，$\displaystyle\lim_{h \to -0} \frac{f(c+h) - f(c)}{h} \geqq 0$

$$f'(c) \geqq 0 \quad \cdots ②$$

①，②より

$$f'(c) = 0$$

「ロルの定理」が成り立つのはわかったけどこれが何なん？（｀・∀・´）

▼・ω・▼実は「ロルの定理」を一般化したものが，次に学ぶ「平均値の定理」でこの「平均値の定理」を拡張した概念が，一番伝えたい「テイラー展開」になるの。

へ〜（｀・∀・´）

2．平均値の定理

● 平均値の定理（ラグランジュの平均値の定理）

　では，次に「ロルの定理」を一般化した『平均値の定理』について学習しましょう。『平均値の定理』は様々なヴァリエーションで表現できるのですが，単に『平均値の定理』というときは，『ラグランジュの平均値の定理』を指していることが多いです。よって，まずはこの『ラグランジュの平均値の定理』を紹介します。

　『ラグランジュの平均値の定理』は次のものです。

　区間 $[a, b]$ で連続，区間 (a, b) で微分可能な関数 $f(x)$ ならば，$\dfrac{f(b) - f(a)}{b - a}$ $= f'(c)$ となる点 C が区間 (a, b) の間に少なくとも 1 つは存在する。

　以下のような関数 $f(x)$ があるとします。このとき，点 A と点 B をまっすぐ結んだ直線の傾きと全く同じ値になる接線を描ける場所が必ず存在する，これが『平均値の定理』です。

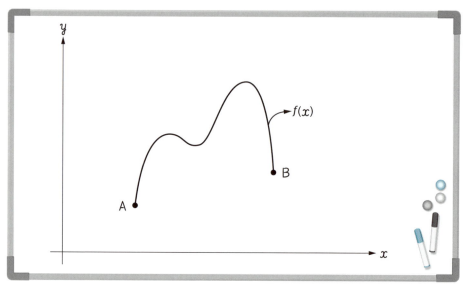

いま直線 AB の傾きは下図のようになりますね。

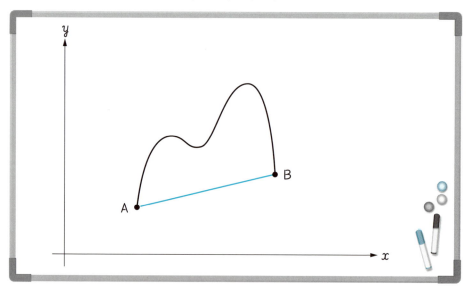

　この直線と同じ傾きになる接線はどこに引けるでしょうか？　すると，このグラフ上では以下の3つの点が考えられるのです。

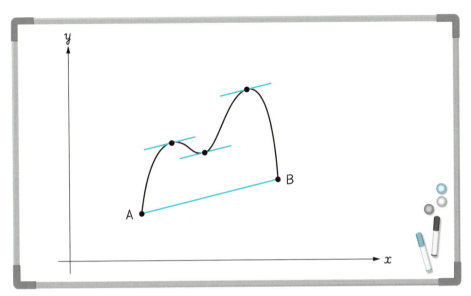

　このように「直線 AB と同じ傾きの接線が引ける場所が少なくとも 1 つは存在する」，これが『平均値の定理』です。

　すると先ほどの「ロルの定理」はこの『平均値の定理』の特別なパターンであることが瞬時に理解できるでしょう。結局，『平均値の定理』において直線 AB が x 軸に平行なときのお話が「ロルの定理」なのですね。

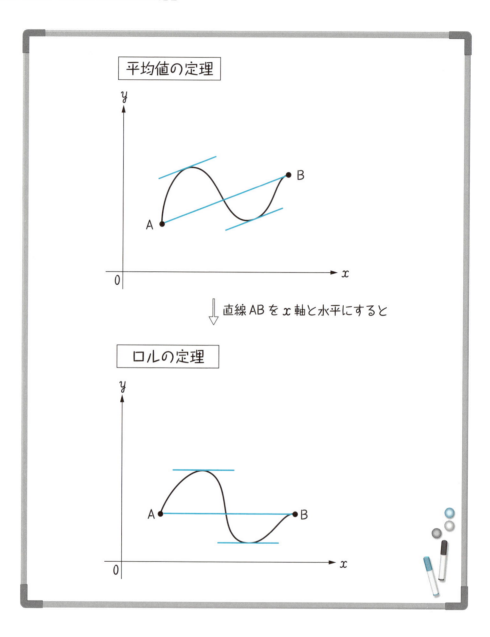

平均値の定理

直線 AB を x 軸と水平にすると

ロルの定理

● 平均値の定理の証明

　では，『平均値の定理』を証明しましょう。『平均値の定理』はその特殊パターンである「ロルの定理」を用いて証明することになります。特別な場合の定理を用いて，その一般化した概念を証明するというのは，数学の世界では頻繁に出てくるものです。

　証明は以下の通りです。

$$g(x) = f(x) - \frac{f(b) - f(a)}{b - a}(x - a) \text{ とする。}$$

この $g(x)$ は区間 $[a, b]$ で連続かつ，区間 (a, b) で微分可能で，さらに $g(a) = g(b)$ なので，ロルの定理が成り立ち，$g'(c) = 0$ となる点 C が存在する。

$$g'(x) = f'(x) - \frac{f(b) - f(a)}{b - a} \text{ で，} g'(c) = 0 \text{ より}$$

$$f'(c) - \frac{f(b) - f(a)}{b - a} = 0$$

$$\therefore \quad \frac{f(b) - f(a)}{b - a} = f'(c)$$

● 平均値の定理の使い道

『平均値の定理』っていったい何に使うんですか？（´∀｀）

▼・ω・▼大学入試においてはよく「不等式の証明」で登場することが多いね。

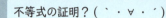

不等式の証明？（｀・∀・´）

▼・ω・▼うむ，しかも『平均値の定理』は $\dfrac{f(b)-f(a)}{b-a}=f'(c)$ の形ではなく，$f(b)-f(a)=(b-a)f'(c)$ の形に移項したものを使う場合がほとんどだよ。

ほうほう（°∀°）

▼・ω・▼これの意味はわかる？　結局，「関数の差を，因数分解したもの」に変換できてるってこと！

あ，ほんとだ!!(°∀°)

　『平均値の定理』は不等式の証明で用いられることがあります。例題として次の問題を解いてみましょう。

$x>0$ のとき，次の不等式を証明せよ。

$$\frac{1}{x+1}<\log(x+1)-\log x<\frac{1}{x}$$

（慶応大）

$f(x)=\log x$ とする。

$f(x)$ は $x>0$ で微分可能。$f'(x)=\dfrac{1}{x}$ で区間 $[x,\ x+1]$ で平均値の定理を用いると $\log(x+1)-\log x=(x+1-x)\cdot f'(c)$ となる点 C が存在する（$x<c<x+1$）。

よって，$\log(x+1)-\log x=\dfrac{1}{c}$

$x>0$ より，$x<c<x+1$

よって，$\dfrac{1}{x}>\dfrac{1}{c}>\dfrac{1}{x+1}$

つまり，$\dfrac{1}{x+1}<\log(x+1)-\log x<\dfrac{1}{x}$ が成り立つ。

3. コーシーの平均値の定理

● 平均値の定理のいろいろな表現【コーシーの平均値の定理】

前回，『平均値の定理』を紹介しました。前に紹介したものは通常，『ラグランジュ
の平均値の定理』といいます。平均値の定理は様々な一般化が可能です。その1つが
今回学ぶ『コーシーの平均値の定理』です。

まず，『コーシーの平均値の定理』がどのようなものか，以下に示します。

区間 $[a,b]$ で連続，区間 (a,b) で微分可能な関数 $f(x)$ と $g(x)$ で，$g'(x)\neq 0$
のとき $\dfrac{f(b)-f(a)}{g(b)-g(a)}=\dfrac{f'(c)}{g'(c)}$ を満たす c が区間 (a,b) の間に少なくとも
1つは存在する。

うわ！　またよくわかんない式が出てきた (°Д°)

▼・ω・▼そだね，ちょっと複雑になってきたね。ただ，1つ確認してほしいのはこの式で $g(x)=x$ となるときが，前回やった『ラグランジュの平均値の定理』になるってこと。

え，あ，ほんとですね (°∀°)

▼・ω・▼うん，だからここでは大まかに前回の『ラグランジュの平均値の定理』のバージョンアップと考えてて OK。

は〜い (`・ω・´)

● ロルの定理を用いた証明

さて，この『コーシーの平均値の定理』も『ラグランジュの平均値の定理』同様，『ロルの定理』を用いて証明することができます。

証明は次の通りです。

$$F(x)=f(x)-\frac{f(b)-f(a)}{g(b)-g(a)}\{g(x)-g(a)\} \text{ とする。}$$

$F(x)$ は区間 $[a, b]$ で連続
　　　区間 (a, b) で微分可能で，
$F(a)=F(b)$ なので，ロルの定理より

　　　$F'(c)=0$ となる c が区間 $[a, b]$ の間に
　　　少なくとも1つ存在する。

ここで，$F'(x)=f'(x)-\dfrac{f(b)-f(a)}{g(b)-g(a)}g'(x)$ なので，

$F'(c)=0$ より

$$f'(c)-\frac{f(b)-f(a)}{g(b)-g(a)}g'(c)=0$$

$$\therefore \quad \frac{f(b)-f(a)}{g(b)-g(a)}=\frac{f'(c)}{g'(c)}$$

4．ロピタルの定理

『コーシーの平均値の定理』の極限をとると，応用として『ロピタルの定理』が導かれます。大学入試の参考書でも発展事項として紹介されていることもあります。これを適切に用いると，「不定形になる極限」の値を容易に求めることが可能となる場合があります。

『ロピタルの定理』とは次のようなものです。

関数 $f(x)$，$g(x)$ が微分可能で $f(\alpha)=g(\alpha)=0$，$g(x)\neq 0$ $(x\neq\alpha)$ のとき

$$\lim_{x\to\alpha}\frac{f(x)}{g(x)}=\lim_{x\to\alpha}\frac{f'(x)}{g'(x)}$$

となる。

証明は『コーシーの平均値の定理』を用いて次のように示します。

$$f(\alpha)=0,\ g(\alpha)=0\ \text{より},$$

$$\lim_{x\to\alpha}\frac{f(x)}{g(x)}=\lim_{x\to\alpha}\frac{f(x)-f(\alpha)}{g(x)-g(\alpha)}$$

ここで，コーシーの平均値の定理を用いて，

$$=\lim_{x\to\alpha}\frac{f'(c)}{g'(c)}$$

となる c が存在する。

$$x\to\alpha\text{のとき，}c\to\alpha\text{となるので}$$

$$=\lim_{x\to\alpha}\frac{f'(x)}{g'(x)}$$

ちなみに，『ロピタルの定理』は不定形 $\dfrac{0}{0}$ だけでなく，$\dfrac{\infty}{\infty}$ の極限でも使用可能な裏技的な定理です。

へ〜，こんな便利な定理があったんですね！（｀・ω・´）

▼・ω・▼うん，でも大学入試において使っていいかどうかと問われたら「あなたが使いこなせる人ならね」って答えるかな。

なぜです？（ﾟДﾟ）

▼・ω・▼まず『ロピタルの定理』を正しく理解している高校生が少ないのね。『ロピタルの定理』を使いこなすには次の 3 つを常に心に留めておく必要があるの。

① 『ロピタルの定理』は $\frac{0}{0}$ や $\frac{\infty}{\infty}$ という不定形の極限値を求めるときに使う。
② 使用する際には，分母と分子の関数を微分してから極限をとる。
③ 微分してもまだ不定形になるときはさらに微分を繰り返して，不定形にならない形式にもちこむ。

ほぇ〜，けっこう使用条件きびしいっすね (°Д°)

▼・ω・▼でしょ？　だから予備校でも教える先生は少ないの。教えたとしてもこれは解く時間がないギリギリの場合とかでの「最終手段」だよって生徒に伝えるね。

そうなんですか〜。
な〜んだ，せっかくカンタンに解ける！って喜んだのにな (´・ω・`)

▼・ω・▼うん，でもこういう便利で強力な定理があるって知っておくのは勉強になるし，使用できる場合は別に使ってもいいんだよ。正しく使えるなら，なんでも使ってみて OK。自分で証明したり，きちんと他人に説明できない状態で「○○の定理より〜」なんて答案は書いちゃいけないってだけさ。

では，いくつかこの『ロピタルの定理』を使用して極限値を求めてみましょう。

（1）　$\displaystyle\lim_{x\to 0}\frac{1-\cos x}{x^2}=\lim_{x\to 0}\frac{(1-\cos x)'}{(x^2)'}$

$\dfrac{0}{0}$ の不定形

$\displaystyle =\lim_{x\to 0}\frac{\sin x}{2x}$

$\displaystyle =\frac{1}{2}\lim_{x\to 0}\frac{\sin x}{x}$

$\displaystyle =\frac{1}{2}\times 1$

$\displaystyle =\frac{1}{2}$

（2）　$\displaystyle\lim_{x\to\infty}\frac{x^3}{e^x}=\lim_{x\to\infty}\frac{(x^3)'}{(e^x)'}$

$\dfrac{\infty}{\infty}$ の不定形

$\displaystyle =\lim_{x\to\infty}\frac{3x^2}{e^x}$ 　まだ $\dfrac{\infty}{\infty}$ の不定形

もう一回微分

$\displaystyle =\lim_{x\to\infty}\frac{6x}{e^x}$ 　まだ不定形

もう一回微分

$\displaystyle =\lim_{x\to\infty}\frac{6}{e^x}$

$=0$

やっぱり使ってみると便利さがわかりますね！(｀・ω・´)

▼・ω・▼ うん，「不定形」っていう条件さえ気を付ければ使いやすい
よね。ちなみにこの定理は「ベルヌーイの定理」とも呼ばれているんだ
よ。

へぇ，なんでですか？(´・ω・`)

 ▼・ω・▼ベルヌーイ家ってめちゃくちゃ数学者を輩出しているスイスの超有名な最強一族なんだけど，この『ロピタルの定理』はホントはヨハン・ベルヌーイって人が発見したもんなの。

え，じゃあなんで『ロピタルの定理』って名前なんですか？(`・∀・´)

 ▼・ω・▼実は，ギヨーム・ド・ロピタルはこのベルヌーイって人に数学を学んでいたみたいだけど，自分の本を出版する際に，ベルヌーイに対価を支払う代わりに，この定理を『ロピタルの定理』という名称で発表する契約を交わしたの。

へ〜(´・ω・`)

 ▼・ω・▼で，ロピタルが死んでからベルヌーイが「ホントは私が発見したんだ！」って暴露したの。ベルヌーイ家はこれだけじゃなく家族間でも先取権の争いが絶えなかったみたいだけど。

うわ〜，ドロドロ〜(´・ω・`)

5. テイラー展開・マクローリン展開

● 近似計算における至高の技術「テイラー展開」

では，ついに『テイラー展開』についてのお話をはじめましょう。以前学んだ「ラグランジュの平均値の定理」を思い出してください。「ラグランジュの平均値の定理」とは次のようなものでしたね。

区間 $[a, b]$ で連続，区間 (a, b) で微分可能な関数 $f(x)$ ならば，$\dfrac{f(b)-f(a)}{b-a}=f'(c)$ となる点 C が区間 (a, b) の間に少なくとも 1 つは存在する。

ここで，式を少し変形すると $f(b)=f(a)+(b-a)f'(c)$ となります。さらに，$b=x$ とし，c を a に書き換えると，$f'(c)$ と $f'(a)$ の誤差も小さいはずなので，次の近似式を得ます。

$$f(x) \fallingdotseq f(a)+f'(a)(x-a)$$

もちろん上の式は，近似式なので両辺の式には誤差が生じています。「その誤差とはどれくらい？」という疑問に，答えてくれるのが『テイラー展開』です。

つまり，近似計算の重要な手法であるのです。

● 関数を「べき級数」の展開にもちこむ

『テイラー展開』の最大の主張というのは，『いろんな関数は【べき級数】へと展開できる』ということです。

【べき級数】というのは，ある同じ数を繰り返しかけ算したもの（その操作を「幂^{べき}」という）を，無限項足し合わせたもののことを指します。

ただし，あらゆる関数が【べき級数】に展開できるかというとそうではなく，条件があります。それは，「関数 $f(x)$ が無限回微分可能なとき」です。（さらに言うと関数の「収束性」という細かい話まで突っ込むべきですが，本書では最終的に「物理」

の世界で数学を用いることを目標とするので，最初から「テイラー展開」できるよく知られた関数を与えられたとして話を進めます。）

さて，では本格的に『テイラー展開』の数式を見ていきましょう。

一般的に，$f(x)$ が $x = x_0$ で無限回微分が可能な場合，x_0 の近傍（x_0 の近場という意味）では

$$f(x) = \sum_{n=0}^{\infty} a_n (x - x_0)^n \text{ のように, } (x - x_0) \text{ の【べき級数】展開できる。}$$

つまり，Σ 記号を用いずに書くと，

$$f(x) = a_0 + a_1(x - x_0) + a_2(x - x_0)^2 + a_3(x - x_0)^3 + \cdots$$

となるということです。

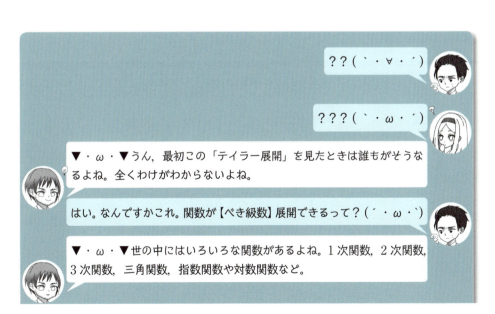

はい（´・ω・｀）

▼・ω・▼これらは今までそれぞれ別個にその関数の特徴をとらえて数式をいじったり，グラフを描いたりしてきたわけね。

ですね（´・ω・｀）

▼・ω・▼じゃあ，もしこれらの関数が「すべて同じような形式で書ける」って言ったらどう思う？

え！　そんなことが可能なの??（´・ω・｀）

▼・ω・▼可能なの，それが『テイラー展開』。つまり，様々な関数を『単純な x の自然数乗の繰り返しの足し算』で表現可能になるの！

それはすごいかも（°∀°）

さて，『テイラー展開』の数式はまだ完成しておりません。それぞれの項，a_0，a_1，a_2，つまり係数である a_n がどのような形になるのかを考えましょう。

a_n は次のように求められる。

$$f(x) = a_0 + a_1(x - x_0) + a_2(x - x_0)^2 + a_3(x - x_0)^3 + \cdots$$

ここで，$x = x_0$ とすると，$\underline{a_0 = f(x_0)}$

次に，$f'(x)$ を求めると

$$f'(x) = a_1 + 2a_2(x-x_0) + 3a_3(x-x_0)^2 + \cdots$$

ここで，$x = x_0$ とすると，$\underline{a_1 = f'(x_0)}$

次に $f''(x)$ を求めると

$$f''(x) = 2a_2 + 3 \cdot 2a_3(x-x_0) + \cdots$$

ここで，$x = x_0$ とすると，$\underline{a_2 = \dfrac{1}{2} \cdot f''(x_0)}$

以下同様に行っていくと

$$\boxed{a_n = \frac{1}{n!} \cdot f^{(n)}(x_0)}$$

で表現できる。

以上の議論から最終的に『テイラー展開』は次式になります。

$$f(x) = f(x_0) + f'(x_0)(x-x_0) + \frac{f''(x_0)}{2!}(x-x_0)^2 + \frac{f'''(x_0)}{3!}(x-x_0)^3 + \cdots$$

● マクローリン展開

さあ，『テイラー展開』をついにゲットすることに成功しました。ここでさらに $x_0 = 0$ の場合の展開を書いてみましょう。

すると以下のようになりますね。

$$f(x) = f(0) + f'(0)x + \frac{f''(0)}{2!}x^2 + \frac{f'''(0)}{3!}x^3 + \cdots$$

　この『テイラー展開』の特別な式を『マクローリン展開』といいます。この『マクローリン展開』を物理の世界でよく用いるのです。

　『テイラー展開』は任意の点における近似で，『マクローリン展開』は原点 0 における近似を意味します。

　では，ここでいくつかの関数を用いて『マクローリン展開』を行ってみましょう。

　　例1）
　　　　$f(x) = e^x$ をマクローリン展開する。

　　　　　$f(x) = f'(x) = f''(x) = \cdots = e^x$

　　　　　$f(0) = f'(0) = f''(0) = \cdots = e^0$

　　　　　　　　　　　　　　　$= 1$

　　　　以上から，

　　　　　　$e^x = 1 + x + \dfrac{x^2}{2!} + \dfrac{x^3}{3!} + \cdots$

　　例2）
　　　　$f(x) = \sin x$ をマクローリン展開する。

　　　　　$f(x) = \sin x \quad \rightarrow \quad f(0) = 0$

　　　　　$f'(x) = \cos x \quad \rightarrow \quad f'(0) = 1$

　　　　　$f''(x) = -\sin x \quad \rightarrow \quad f''(0) = 0$
　　　　　　　　　　⋮　　　　　　　　　⋮

以上から，

$$\sin x = x - \frac{x^3}{3!} + \frac{x^5}{5!} + \cdots$$

例3)

$f(x) = \cos x$ をマクローリン展開する。

$$f(x) = \cos x \quad \rightarrow \quad f(0) = 1$$

$$f'(x) = -\sin x \quad \rightarrow \quad f'(0) = 0$$

$$f''(x) = -\cos x \rightarrow \quad f''(0) = -1$$
$$\vdots \qquad\qquad \vdots$$

以上から，

$$\cos x = 1 - \frac{x^2}{2!} + \frac{x^4}{4!} + \cdots$$

これらの『マクローリン展開』は非常によく使います。

例えば，覚えておいででしょうか。以前，「三角関数の微分」のところで $\displaystyle\lim_{x \to 0} \frac{\sin x}{x} = 1$ という極限を紹介しました。あのときは，この極限を図形的に証明しましたが，この『マクローリン展開』を用いると瞬間的に求めることができます。

$$\lim_{x \to 0} \frac{\sin x}{x}$$

$\sin x$ のマクローリン展開を代入して

$$\lim_{x \to 0} \frac{x - \dfrac{x^3}{3!} + \dfrac{x^5}{5!} + \cdots}{x}$$

$$= \lim_{x \to 0} 1 - \frac{x^2}{3!} + \frac{x^4}{5!} + \cdots$$

$$= 1$$

$x=0$ を代入

おぉ〜(｡゚∀゚)

▼・ω・▼「テイラー展開」及び「マクローリン展開」の有用性わかった？

オレよくわからん (; ∀ ;)

え，すごいじゃん！　だって，三角関数とか指数関数が，『ただの x の多項式』になっちゃったんだよ？(｀・∀・´)

あ，そういうことか！
「テイラー展開・マクローリン展開」って難しい関数を簡単な多項式の関数で置き換えてるってこと？(｀・∀・´)

 ▼・ω・▼ OK。その感覚で大丈夫，大丈夫。

6．近似式はなぜ必要？

『テイラー展開・マクローリン展開』は近似計算の手法だとお伝えしましたが，そもそもなぜ「近似」が必要なのでしょうか？

答えは明確で，『**近似することでしか，自然現象をとらえることができないから**』です。

科学の理論というのは，語弊を恐れずに言うと，ある意味すべて「近似理論」です。そもそも「正確性・厳密性」という言葉は，『ある測定範囲』でのみ意味をなすものなのです。

例えば，物理の世界でいうとニュートン力学は「ある程度までは正しい理論」ですが，素粒子と呼ばれるミクロな世界を語ろうとすると使えず，新たな理論を持ち出すことになるのです。（それが現代の量子力学と呼ばれる分野になるのですが…）

とにかく，世の中ありとあらゆる場所で「近似」は登場しているし，日ごろから私たちも「近似」に親しんでいるのです。

「定規をもってきて，10cm の線を引いてください。」と言われたら，あなたは書けるでしょうか？

答えは，否です。もし，定規で 10cm の線をぴったし描いたつもりでもそれは本当は「10.034cm」かもしれません。きれいに本当の意味での 10cm を引くことは何人も不可能なのです。でも，そんな微細な違いなんて普段は無視し，「近似の線」として 10cm を見ているのです。

近似かぁ（ ` ・ω・ ´ ）

▼・ω・▼近似は頭が固い人ほど受け入れがたいものみたいだね。普段から「近似」の概念は使っているのにさ。例えば，いま財布にいくら入ってる？

え，え〜っと 4,000 円くらいかな (` ・ω・´)

▼・ω・▼ほら〜。ホントはきっともっと細かい小銭とかあるけど，そんな小さい金額は無視して近似した値である「4000円」と答えたじゃん。

あ，ほんとですね (°∀°)

▼・ω・▼身長は何 cm？

だいたい 174cm くらいかな (` ・ω・´)

▼・ω・▼ね，それも小数点以下の数字を無視して近似してるでしょ。

あれ，でも近似って何ケタで近似するとかの決まりはあるんですか？
(´・ω・`)

▼・ω・▼あんまりないね。『必要な情報』が手に入る部分まで近似したらいいだけの話だよ。とにかく「細かいことはいいの！」って感覚が近似計算。

　近似の例題として $(1+0.0004)^{15}$ を計算してみましょう。これはもはや手でちまちま計算していくのは絶望的ですよね。

　そこでまず $(1+x)^n$ のマクローリン展開を行ってみましょう。

$f(x)=(1+x)^n$　をマクローリン展開する。

$f'(x)=n(1+x)^{n-1}$　　　　　　　$\rightarrow$　　$f'(0)=n$

$f''(x)=n(n-1)(1+x)^{n-2}$　　　　$\rightarrow$　　$f''(0)=n(n-1)$

$$f'''(x) = n(n-1)(n-2)(1+x)^{n-3} \rightarrow \quad f'''(0) = n(n-1)(n-2)$$
$$\vdots \qquad\qquad\qquad\qquad\qquad \vdots$$

以上から，

$$(1+x)^n = 1 + nx + \frac{n(n-1)}{2!}x^2 + \frac{n(n-1)(n-2)}{3!}x^3 + \cdots$$

さて，ここで展開の2項目までで打ち切るとき，それを「第1次近似」といいます。

すると，第1次近似は次式になります。

$$(1+x)^n \fallingdotseq 1 + nx$$

この式を用いて，先ほどの $(1+0.0004)^{15}$ を計算してみましょう。

$(1+x)^n$ の第1次近似は

$$(1+x)^n \fallingdotseq 1 + nx$$

$(1+0.0004)^{15}$ を第1次近似してみると，

$$(1+0.0004)^{15} \fallingdotseq 1 + 15 \cdot 0.0004$$

$$= 1.006$$

と，このようにだいたい 1.006 くらいとわかりました。これだけでも有益な情報ですよね。何もわからないよりも近似だけど「何かしらの情報・部分的な情報」が得られるほうが良いに決まっていますもんね。

7. オイラーの公式

以前 e^x, $\sin x$ と $\cos x$ のマクローリン展開を紹介しました。するとこれらにある関係性が見えてきます。

まず $\sin x$ と $\cos x$ のマクローリン展開した式の和をとってみましょう。

$$\sin x + \cos x$$

$$= 1 + x - \frac{x^2}{2!} - \frac{x^3}{3!} + \frac{x^4}{4!} + \frac{x^5}{5!} + \cdots$$

するとこれは非常に e^x のマクローリン展開に似た形ですが，符号が異なる部分があります。

そこで，虚数単位 i を登場させるというアイディアを導入するのです。

単なる e^x ではなく，指数に $i\theta$ を用いて $e^{i\theta}$ のマクローリン展開を行ってみましょう。

すると，

$$e^{i\theta} = 1 + i\theta + \frac{(i\theta)^2}{2!} + \cdots$$

$$= \left(1 - \frac{\theta^2}{2!} + \frac{\theta^4}{4!} + \cdots\right) + i\left(\theta - \frac{\theta^3}{3!} + \frac{\theta^5}{5!} + \cdots\right)$$

$$= \cos\theta + i\sin\theta$$

とこのように，実部の部分に $\cos$ のマクローリン展開が，虚部に $\sin$ のマクローリ

ン展開が表れて最終的に以下の式となるのです。

$$e^{i\theta}=\cos\theta+i\sin\theta$$

これを「オイラーの公式」といいます。

ちなみに，加法定理はこの「オイラーの公式」を用いるとすぐに証明可能です。確認しておきましょう。

$e^{i\theta}=\cos\theta+i\sin\theta$
において，$\theta=\alpha+\beta$とすると，

$e^{i(\alpha+\beta)}=\cos(\alpha+\beta)+i\sin(\alpha+\beta)$

ここで，左辺のみを考えると，

$e^{i(\alpha+\beta)}=e^{i\alpha}\cdot e^{i\beta}$

$\qquad=(\cos\alpha+i\sin\alpha)\cdot(\cos\beta+i\sin\beta)$

$\qquad=\cos\alpha\cos\beta-\sin\alpha\sin\beta+i(\sin\alpha\cos\beta+\cos\alpha\sin\beta)$

以上から，実部，虚部を比較して，

$\cos(\alpha+\beta)=\cos\alpha\cos\beta-\sin\alpha\sin\beta$

$\sin(\alpha+\beta)=\sin\alpha\cos\beta+\cos\alpha\sin\beta$

このようにものすごくあっさりと導けてしまうのです。

さらに,「オイラーの公式」には面白い続きがあります。
$\theta = \pi$ にしてみましょう。

$$e^{i\theta} = \cos\theta + i\sin\theta \text{ において}$$

$$\theta = \pi \text{ とすると,}$$

$$e^{i\pi} = \cos\pi + i\sin\pi$$

$$= -1$$

$$\therefore \boxed{e^{i\pi} = -1}$$

これを 『オイラーの等式』 と呼んでいます。

　これは非常に驚くべき結果なんです。ネイピア数 e と円周率 π はどちらも無理数,この1つを虚数単位 i で結ぶと, -1 というなんとも簡単な数字になってしまうのです。このような意味からこの式は『数学史上最も美しい式』と称されています。

お〜！　これは感動かも。e と π と i がこんな関係性を持っていたなんて知らなかった (｀・ω・´)

▼・ω・▼ね,数学公式の中でももっとも単純かつ神秘性を含んでいる式だと思う。e は解析的に, π は幾何学的に, i は方程式を解くため,つまり代数的に導入したものなの。この全く出所が違う数字がこんな簡潔に結ばれるのはすごいよね。

ほぇ〜（´・ω・｀）

 ▼・ω・▼ちなみに「オイラーの等式」は，移項して $e^{i\pi}+1=0$ として表記することもあるね。

Memo

第4章

積　分

1. 積分の歴史

● 積分＝面積を求める

　では，ここから『積分』についての学習を始めましょう！　おそらく多くの高校生は『積分』を単なる「微分の逆演算」と認識しているはずです。なぜなら高校教科書の『積分』の始まりがそのように書いているからです。

　しかし，「積分と微分は逆演算」というのは決してウソではないですが，本来の意味はそこにないのです。

　そもそも，積分の起こりというのは微分よりもはるかに昔であって，紀元前からその発想はあったのです。

　例えば，エジプト文明の話で説明しましょう。文明というものは河川の近くでうまれがちで，エジプト文明も例外ではありません。ナイル川の近くで栄えたエジプト文明ですが，そこで暮らしていた人々はある問題に悩まされていました。洪水による川の氾濫です。

　氾濫すると土地の形が変形するので，もう一度所有している土地面積の測量をしなければならないのです。

　では，次のような青色で囲まれた面積をどのようにして求めるか考えてみましょう。

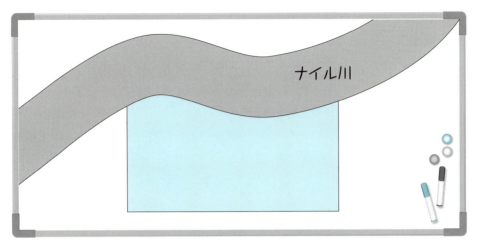

　ぐにゃっと曲がっている部分がありますね。この部分の面積を求めるのにはちょっとしたアイディアが必要になります。

　そこで，最も簡単な図形に分けてみるという発想をします。一番簡単に面積が求められる形状は「長方形」でしょう。長方形は「縦×横」で面積を定義します。

　では，この土地面積をいくつかの長方形に分けてみることにします。すると次のようになります。

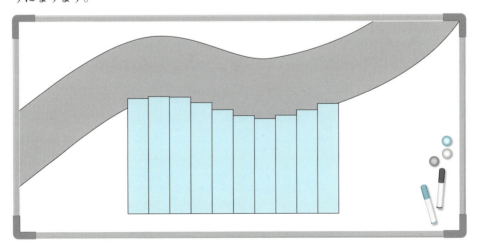

　このように 1 つ 1 つの長方形の面積を求めて，最後に合計すれば求めたいものが出そうですね。

　しかし，これは下の濃い青色の部分のように誤差が結構出てしまい，本来求めたい面積と大分異なった値が出ると予想できます。

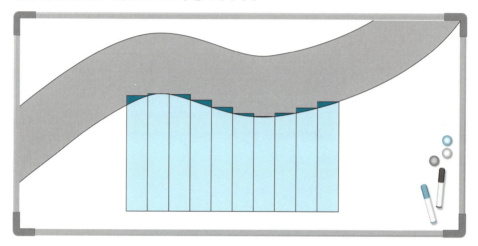

　これをどう解決するのか。答えはいたってシンプルです。長方形の横幅をものすっごく狭めて，細長〜い長方形にすればいかがでしょう？

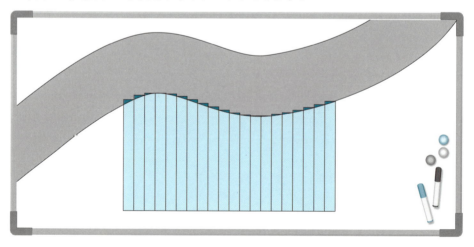

　すると下のようになり誤差はかなり小さくなります。（本当は，その図に描いた長方形よりもさらに絵では見えないくらい細長いものにする）

　このように求めたい図形を，横幅が微小な細長い長方形に分けて，それらをすべて足し合わせると欲しい面積を手に入れることが可能になります。

　これが『積分』です。結局，『積分』とは，「微小なものをちびちび足していく」というのが本来の意味なのです。

> へ〜，「積分」って微分の逆ってことしか聞いたことなかったです (°∀°)

> ▼・ω・▼そう認識してる人は多いよね。かくいう僕も高校生当時は無条件に「積分と微分は逆！」って受け入れてたしね。

> でも，面積を求めることが「積分」なんですね。面積を求めるのって「積分の応用」だと思ってました (´・ω・`)

> ▼・ω・▼ホントは，「面積」を求めることが「積分のスタート」なんだよ。

2. 積分の記法

● $\int$ と dx で $f(x)$ を挟むは，ウソっぱち

積分の記法は通常，ライプニッツが発明した記号である『$\int$ (インテグラル)』を用います。

例えば，下のような関数で $x = a \sim b$ までの面積 S を求めたいとしましょう。

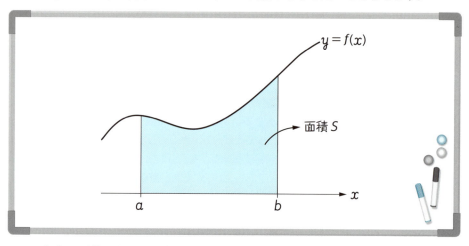

このとき，面積 S を次のように数式化するのです。

$$S = \int_a^b y\,dx$$

$$= \int_a^b f(x)\,dx$$

この数式の意味は考えればとても簡単です。

この面積を高さ y，横幅 dx の長方形の面積を求めて，a から b まで全部足してしまえばよい！　ってことです。なぜ横幅を dx と表記しているかというと，これは横

幅はとても微小な細長い長方形と考えるので dx と書くのです。微分の話のときお伝えしている通り，「dx」とは x の微小変化分を意味するのです。

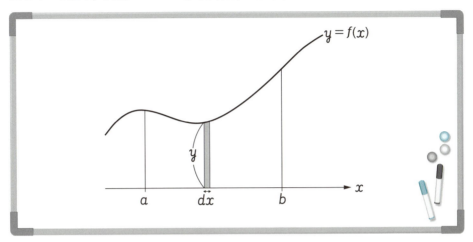

$\int$（インテグラル）は，もともと英語の S で summation（和，足し算）に由来した記号です。つまり，上の式は「ydx という面積の長方形を a から b まで全部足してみよう！」と日本語に訳せるのです。（もちろん $y=f(x)$ なので，$f(x)dx$ という面積の長方形を足すと考えても同じこと。）

ちなみに面積を求めたい「a から b」の区間を『積分区間』といいます。

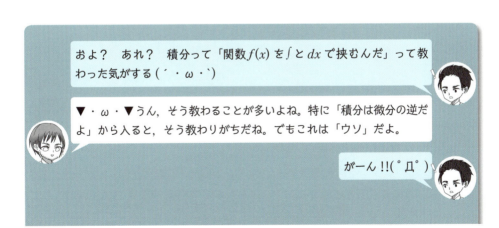

▼・ω・▼ ∫（インテグラル）は基本的には，Σ（シグマ）と同じ役割をもつ記号なの。Σ は数列とかで出てくるでしょ？
例えば，$\displaystyle\sum_{k=1}^{n} a_k x$ ってどう読み取る？

う～んと，「$a_k x$ を $k=1$ から n まで足す」ってことだよね（ `・ω・´）

▼・ω・▼ね？　Σ と x で a_k を挟む，なんて思わないでしょ？　積分記号も全く同じなの。$\displaystyle\int_a^b f(x)dx$ は「$f(x)dx$ を $x=a$ から b まで足す」って意味なんだよ。

へ～，けっこうビックリ！（°Д°）

もう一度，積分の記法をまとめましょう。

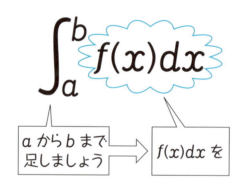

$$\int_a^b f(x)dx$$

a から b まで足しましょう　→　$f(x)dx$ を

　結局のところ ∫ は，この記号の右側にあるものを全部足しましょう，という意味しか持っていないのです。難しくないですよね。

　そして，このときこの数式で表されたものを『定積分』といいます。

　つまり，【面積を求める＝定積分を求める】ということになります。

3．積分と微分の関係性と定積分の計算法

● 積分と微分

　では，ぐにゃぐにゃっと曲がった面積を求めることが積分で，その記法を $\int$ などを用いると決めても実際に計算を行えなかったらこれまた意味がないことですね。

　概念がわかったとしても，計算が実行できないと現実には役立たないのです。

　そこで，今回は積分を計算でスパッと出すにはどのようにすればよいか考えましょう。

　次のグラフを見てください。

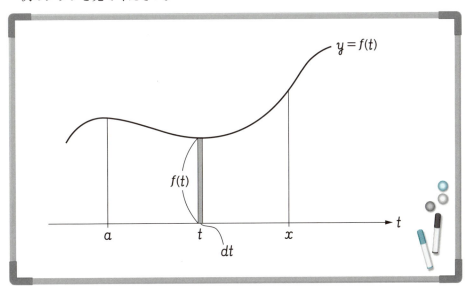

　このとき $t=a\sim x$ までで囲まれた面積 S を求めることを考えます。もちろん，先ほどの議論から $S=\int_a^x f(t)dt$ となります。

ここで，面積の右端である x を見ましょう。もちろんこのときの y 座標は $f(x)$ ですね。では，この場所から横に微小な幅 dx を取り長方形をつくりましょう。

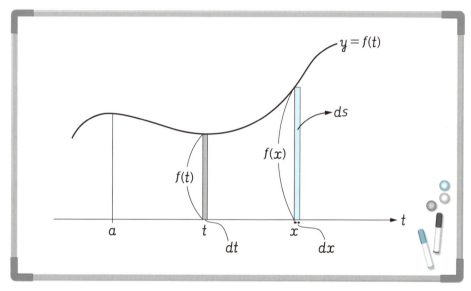

すると，このときの長方形の高さは $f(x)$ とみなせるので，面積を微小な面積という意味で dS とすると次のように表現できます。

$$dS = f(x)dx$$

すると，式変形で次の形にできます。

$$\frac{dS}{dx} = f(x)$$

これはまさに，「面積 S を x で微分すると，$f(x)$ になる」ことを示しています。

ここで初めて，人間は『積分と微分が逆演算の関係』だと気付くのです。

このとき『S は $f(x)$ の原始関数の1つである』と表現します。

　なぜ『〜の1つ』という言い方をしているかというと，「微分して $f(x)$ になるもの」は無限に存在するからです。

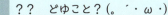

?? どゆこと？(｡´・ω・)

ちょっとまとめるとね，「S を微分したら $f(x)$ になる」ことがわかったよね。

フムフム(°Д°)

じゃあ，欲しい面積 S は，「微分して $f(x)$ になるもの」を探せばいいことになるよね？

そうですね(´・ω・\`)

でも微分して $f(x)$ になる関数なんてたくさんあるでしょ??

え？(´・ω・\`)

例えば，微分して $2x$ になる関数ってな〜んだ？

簡単ですよ！　x^2 でしょ？(\`・ω・´)

あれ，でも x^2+5 でもいいか…(´・ω・\`)

だよね，$x^2+1000000$ でも，$x^2-99999$ でも微分したら，$2x$ でしょう？つまり，定数は微分したら消えてしまうから，その定数の違いがある分だけ無限に存在するの。

● 定積分の計算手法

もし（偶然でもなんでもよいので）$f(x)$ の原始関数の1つとして何か $F(x)$ という関数が発見できたとしても，本来求めたい面積 S にはこの $F(x)$ と定数分の差異があるはずなのです。

$$S = \int_a^x f(t)dt$$
$$= F(x) + （定数）$$

ですから，この（定数）さえわかれば面積 S は完璧に求まるのです。どうにか（定数）を求める方法はないのでしょうか？

はい，この面積 S で唯一絶対瞬時にわかる場合があります。それは，$x=a$ の場合です。

この場合，長方形はできないので面積は「0」になります。つまり次式になります。

$x=a$ のとき

$$\int_a^a f(t)dt = 0$$
$$= F(a) + （定数）$$
$$\therefore （定数） = -F(a)$$

これより，なんと（定数）は $-F(a)$ と書けることがわかりました。

これを先ほどの（定数）に代入しましょう。すると……

$$S = \int_a^x f(t)dt = F(x) + （定数）$$
$$= F(x) - F(a)$$

となり，一件落着となるのです。

結局，なにか原始関数っていうやつが見つかれば定積分は計算できるってこと？(´・ω・`)

そうだね，大事なのはこういうことを機械的な単なる計算手段じゃなくて，積分というのは，ちびちび足していくという概念から出てくるってこと。

ふむふむ(´・ω・`)

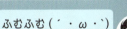

結局のところ，微分は『微小に分けて，局所的にみること』，積分は『微小なものをたくさん集めて全域的にみること』なんだよ。

へ〜なんか微分積分ってとっつきにくいイメージだったけど，そう考えるとちょっとわかりやすくなったかも(°∀°)

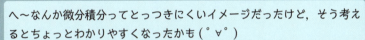

4．定積分と不定積分

● 定積分から不定積分は生まれる

さて，積分の基本概念は『微小なものをちびちび足していく』ということです。これが本来の積分の意味なのです。

ところが，高校生の中には『微分の逆演算を積分とよぶ』から入っている人がいるので，その積分記号の意味を理解していない状態に陥っていることがあるのです。

「微小なものをちびちび足していく」という概念を数学的に論理性をもって考察すると，『あ，これって微分の逆のことをしてるだけでは??』と人間は段々と気づいていった，ということなのです。

前回学んだことをもう一度チェックしましょう。

結局のところ，グラフにできた面積は「積分区間」と「原始関数の内の1つである $F(x)$」がわかれば，求めることができるのです。

そこで，$f(x)$ の原始関数，すなわち「微分すると $f(x)$ になる関数」を建前上，次のように表すことにします。

$$\int f(x)dx = F(x) + C \qquad (C\text{ は積分定数})$$

これを『不定積分』と呼びます。

定積分と異なるのはまず，「積分区間」が書かれていません。そして，定数 C という値が付加されています。

そもそもは，『どこからどこまで足すのか』が本来の積分の意味なので，区間を書かないのは本当はおかしな話なのですが，ここでは形式上，原始関数自体を表現する記号として採用しているのです。

原始関数は各々，定数分の差異しかないので何か1つの原始関数 $F(x)$ が発見できれば，あとは他すべての原始関数はそれと定数 C の違いしかないよね，ということで C が足されているのです。

え，「不定積分」って「定積分」の後に出てくるんだ？（´・ω・｀）

▼・ω・▼そうだよ。ほとんどの高校生がまず「不定積分」を勉強して，その応用として「定積分」を勉強する流れだよね。

はい（ﾟ∀ﾟ）

▼・ω・▼ほんとは，積分は「定積分」がスタートなの。で，その定積分を求めるには結局，原始関数が必要だから，その原始関数を求める操作として「不定積分」という概念を導入したの。

ほ〜。じゃあ，不定積分と原始関数って同じこと？（ﾟ∀ﾟ）

▼ーωー▼う〜んとね，まあ同じものと考えていてもさしあたり問題はないよ。でも実は「不定積分」と「原始関数」はナイーブな違いがあって，それはすこし，本格的な解析学を学ぶ段階になって確認したほうがいいね。

● 基本的な不定積分

「ぐにゃぐにゃした面積を求めたい」→「定積分を求めることになる」→「原始関数がわかれば求めることができる」→「不定積分がどうなるか知ればよい」→「積分と微分は逆操作である」

以上が，いままで積分について学んだことのすべてです。

つまり，「原始関数」がどんな形になるのかがわかればおしまいということです。よって，少なくとも基本的な不定積分の計算はできるようにならなければ話が進まないのですね。

ただし，「積分が微分の逆演算」という事実を用いれば容易に理解できるはずです。

基礎的な積分公式を確認しましょう。

◆基本的な積分公式◆

① $\displaystyle\int x^n dx = \frac{x^{n+1}}{n+1} + C \ (n \neq -1)$

② $\displaystyle\int \cos x dx = \sin x + C$

③ $\displaystyle\int \sin x dx = -\cos x + C$

④ $\displaystyle\int \frac{1}{\cos^2 x} dx = \tan x + C$

⑤ $\displaystyle\int e^x dx = e^x + C$

⑥ $\displaystyle\int \frac{1}{x} dx = \log|x| + C$

　　　　　　　※ C は積分定数

　以上の積分公式は瞬間的に理解し，使いこなせるようになってほしいです。なぜならこれらはほとんど自明の結論なのです。

　積分公式の右辺の関数を微分してみましょう。するとどうでしょう，左辺の $\int$ と dx で挟まれた位置にある関数になるではありませんか。

$$\int \underbrace{\quad\quad}_{微分} dx = \underbrace{\quad\quad} + C$$

　つまり，微分公式が記憶できている人にとって積分公式は当然の結果なのです。一応，それぞれ微分して元の関数になるか確認はしておきましょう。

① $\left(\dfrac{x^{n+1}}{n+1}\right)' = x^n$

② $(\sin x)' = \cos x$

③ $(-\cos x)' = \sin x$

④ $(\tan x)' = \dfrac{1}{\cos^2 x}$

⑤ $(e^x)' = e^x$

⑥ $(\log|x|)' = \dfrac{1}{x}$

5．積分は微分の100倍難しい

● 逆操作だとしても難易度は異なる

　微分と積分は逆演算，確かにそうです。しかし，難易度も同等というわけではありません。

　ガラスでできたグラスを壊すのは簡単です。しかし割ってしまったグラスの破片を集めて，元のグラスにするのは難しいですね。「壊す」と「直す」は逆操作ですが，難易度ははるかに異なります。

　もうちょっと数学的な例えをすると，「展開」と「因数分解」は逆演算です。しかし，難しさでいうと「因数分解」に軍配が上がります。だから受験生の多くは技巧的な因数分解の手法を身につけるのに躍起になっているわけです。

　微分と積分も同様に，難易度は全く異なります。実は，「積分」のほうがはるかに難しいのです。

　微分は原則，最後まで計算を遂行し，解くことは可能です。それに対し，積分はそもそも求められないものも多くあるのです。

　大学受験レベルでは『きちんと求まる積分』の問題しか一般的には出てこないので，微分と積分の難易度に違いがあるということをあまり意識していない人も多いのですが，留意してほしい点なのです。

　微分は割と様々な関数を機械的に解くことができますが，積分ではそうはいきません。少々複雑な関数の積分を行うときには，技巧的な積分操作が必要になるのです。それが次節以降に学習する「部分積分」と「置換積分」です。

へ～，微分と積分は逆だから，難易度はどっちも同じレベルだと思ってました(ﾟ∀ﾟ)

積分の方が難しいんですね～(´・ω・｀)

▼・ω・▼よくよく，考えれば四則演算でもそうだよね。「足し算」よりも「引き算」の方が難しいよね。小学生とかは「$2+3$」はできるけど，「$2-3$」はできないもんね。「かけ算」より「割り算」の方が難しいよね。「$2×3$」は整数になるけど，「$2÷3$」は整数にならないもんね。

あ，たしかに！(｀・ω・´)

▼・ω・▼逆演算って，どちらか一方の操作が他方に比べてはるかに難しいものなんだよ，だいたいね。

6. 工夫する積分その1・部分積分法

● 積分の線形性

　今回から，工夫して求める積分の手法について考えましょう。微分は機械的に求めることが原則可能ですが，積分は「手法」としての計算技術を身につけていないと求めることができない状況が登場するのです。

　ここでは，『部分積分法』についてのお話をしていきます。そのためにまず，積分の線形性を紹介します。

　$af(x) + bg(x)$ を微分すると次式になりますね。

$$(af(x) + bg(x))' = af'(x) + bg'(x) \qquad (a, b は定数)$$

ということは，次の不定積分の性質を考えることが可能となります。

$$\int (af(x) + bg(x))dx = a\int f(x)dx + b\int g(x)dx$$

　つまり，$\int$ の記号は分配するようにバラしてもいいし，関数の前についている係数は $\int$ の前に出してもいいってことですね。

これを，積分の線形性といいます。

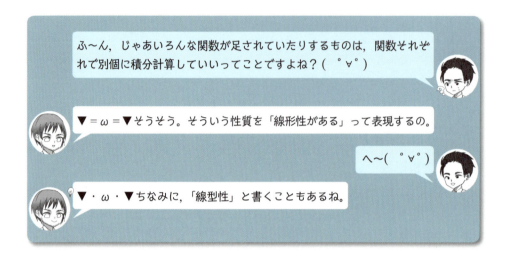

● 部分積分法について

では，メインの話である部分積分法を扱っていきましょう。

　結論から言えば，部分積分法は，積分したい関数が『異なる種類の積で表現されている』ときにとても有効です。

　以前，微分の章で学習した「積の微分法」を思い出してください。

「積の微分法」とは以下の式でしたね。

$$\{f(x)g(x)\}' = f'(x)g(x) + f(x)g'(x)$$

　これは結局，$f'(x)g(x) + f(x)g'(x)$ の原始関数が，$f(x)g(x)$ であることを意味しています。つまり，

$$\int (f'(x)g(x)+f(x)g'(x))dx = f(x)g(x)+C$$

となります。さらに左辺は，「積分の線形性」より次式の形になります。

$$\int f'(x)g(x)dx + \int f(x)g'(x)dx = f(x)g(x)+C$$

そして移行することで以下の式へと変形可能ですね。

$$\int f'(x)g(x)dx = f(x)g(x) - \int f(x)g'(x)dx$$

これを『部分積分法』と呼んでいます。

※ここで積分定数 C が消えているのは，両辺に不定積分があるからです。

変数 x を省いた少し簡略した記号で書くと下のようになりますね。

$$\int f'\cdot g = f\cdot g - \int f\cdot g'$$

これをどう考えればよいかというと……。

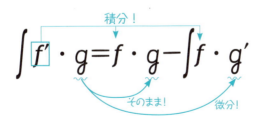

　上のように，まず今積分したい関数を「積分がお得な関数 f」と「微分がお得な関数 g」に分けて考えて，この部分積分は実行するのです。

いくつか例を見てみましょう。

例1）

$$\int x \cdot e^x dx$$
$$= \int \underset{\widetilde{f}}{e^x} \cdot \underset{\widetilde{g}}{x}\, dx$$
$$= \underset{\widetilde{f}}{e^x} \cdot \underset{\widetilde{g}}{x} - \int \underset{\widetilde{f}}{e^x} \cdot \underset{\widetilde{g'}}{1}\, dx$$
$$= e^x \cdot x - e^x + C$$

> x はビブンすると1になるので e^x よりお得!!

例2）

$$\int (4x+5)\sin x\, dx$$
$$= \int \underset{f'}{\sin x} \cdot \underset{g}{(4x+5)}\, dx$$
$$= \underset{f}{(-\cos x)} \cdot \underset{g}{(4x+5)} - \int \underset{f}{(-\cos x)} \cdot \underset{g'}{4}\, dx$$
$$= -(4x+5)\cos x + 4\int \cos x\, dx$$
$$= -(4x+5)\cos x + 4\sin x + C$$

> $(4x+5)$ は微分するとただの4になる!!

　以上のように，違う種類の積でできあがっている関数の積分も，この『部分積分法』を用いることで割と容易に計算することができるのです。

> f と g，どっちに対応させるかは自由ですか？（´・ω・`）

▼・ω・▼どっちでも計算できるならご自由にだけど，普通は「微分してお得になるものを g に」対応させるよ。上の（例）では，2問とも微分して単なる整数しか残らない，「x」や「$4x+5$」のほうを関数 g として計算したね。そのほうが楽な場合が多いから。

なるほど（ ﾟ∀ﾟ）

▼・ω・▼ただ，とにかく部分積分法は「積の微分法」を逆でとらえたものに過ぎないっていう感覚は忘れないでね。

はい（´・ω・｀）

7．工夫する積分その2・置換積分法

● 関数の置き換え

　では，「部分積分法」とは別の，これもまたよく使う技巧的な積分法である『置換積分法』についてのお話をしていきます。

　置換，つまり「置き換え」を行うわけです。積分を行う際に，その積分したいと着目している関数が瞬時に原始関数が想起できないようなものの場合，それを違う関数に置き直して積分することができる，という強力な積分法が『置換積分法』です。

　理屈は次のように考えます。（多少テクニカルに見えますが…）

$$\int f(x)dx \text{ において } x=g(t) \text{ とすると}$$

$$\int f(x)dx = \int f(x) \cdot \left(\frac{dx}{dt}\right) \cdot dt$$

$$= \int f(g(t)) \cdot g'(t) \cdot dt$$

つまり，元の関数の変数 x を別の t の関数とみることで，実行したい変数 x の積分計算を，別の変数 t の関数の積分に書き直しているのです。

もし，パッと原始関数を求めることができなさそうな関数のときは，置換積分法がいいってこと？(´・ω・`)

▼・ω・▼そうだね。もし，やりたい関数が別の「素性のわかっている」，つまり慣れ親しんだ関数に直せるときはこの方法はとても有効だよ。

でもさ，実際にどうやって計算してくの？？(゜∀゜)

▼・ω・▼OK，じゃあ具体的な計算に入ってみよう。

● 置換積分法は3ステップで書き直し

では，『置換積分法』の具体的な計算を考察してみましょう。

例題として次の積分を考えます。

$$\int x\sqrt{x+3}\, dx$$

『置換積分法』は3ステップで書き直していきます。

①まず，なにを別の関数にするか選択する

今回はルートの中にある $x+3$ を t とします。

② dx を dt で表現する

$t=x+3$ を x で微分することで，dx と dt の関係が出てきます。今回はたまたまですが $dx=dt$ と簡潔な関係になりました。

③元々の積分を書き直し！

では，元の x を変数とした積分を変数 t の関数で書き直しましょう。

すると次のように簡単に計算できるのです。

$$\int x\sqrt{x+3}\,dx$$

$t=x+3$ とする。

これを x で微分すると，$\quad \dfrac{dt}{dx}=1 \quad \therefore \quad dt=dx$

$$\int x\sqrt{x+3}\,dx$$
$$=\int (t-3)\cdot\sqrt{t}\,dt$$
$$=\int (t-3)\cdot t^{\frac{1}{2}}dt$$
$$=\int (t^{\frac{3}{2}}-3\cdot t^{\frac{1}{2}})dt$$
$$=\frac{2}{5}t^{\frac{5}{2}}-3\cdot\frac{2}{3}t^{\frac{3}{2}}+C$$
$$=\frac{2}{5}(x+3)^{\frac{5}{2}}-2(x+3)^{\frac{3}{2}}+C$$

最後にきちんと $t=x+3$ と元に戻す。

（C は積分定数）

もちろん，最後に x の関数に戻すのを忘れないでおきましょう。

ほうほう，面白いですね。
最初の関数はなんかルートが入っていてヤダなって思っていたけど，別の関数に置き換えることでめちゃくちゃ簡単な計算にできましたね
（ ﾟ∀ﾟ）

▼・ω・▼うん，置換積分は入試にもよく出るテーマだけど，基本はシンプルな構造をしているんだ。この計算法に慣れるとぐっと積分できる世界が広がるよ。

定積分も同じ感じですか？（ ﾟ∀ﾟ）

▼＝ω＝▼定積分はひと手間増えるけど基本は同じだね。

● 定積分は区間も置き換え

次に定積分の『置換積分法』も確認しましょう。定積分では先ほどの3ステップにひと手間追加され，4ステップになります。

具体的に見ていきましょう。
次のような定積分計算をしたいと思います。

$$\int_1^2 x\sqrt{4x-2}\,dx$$

定積分の場合，「積分区間」がありますが，いまの「1〜2」という積分区間は「変数 x としたときの区間」です。つまり，「変数 t の区間」に変えなければいけないのです。

$$\int_1^2 x\sqrt{4x-2}\,dx$$

$t = 4x - 2$ とする。①

これを x で微分すると $\dfrac{dt}{dx} = 4$ $\therefore$ $\dfrac{dt}{4} = dx$ ②

積分区間を変えると

x	$1 \to 2$
t	$2 \to 6$

③

つまり

$$\int_1^2 x \sqrt{4x-2} \; \boxed{dx}$$

$$= \int_2^6 \frac{t+2}{4} \sqrt{t} \; \boxed{\frac{dt}{4}}$$ ④

$$= \frac{1}{16} \int_2^6 (t+2) \cdot t^{\frac{1}{2}} dt$$

$$= \frac{1}{16} \left[\frac{2}{5} t^{\frac{5}{2}} + \frac{4}{3} t^{\frac{3}{2}} \right]_2^6$$

$$= \frac{7}{5}\sqrt{6} - \frac{4}{15}\sqrt{2}$$

以上のように，4ステップで定積分の置換積分も可能となるのです。

8. 円の面積

●円の面積の導出

　今までの積分のノウハウを利用すると，小・中学生のころに丸暗記させられた様々な「公式」の導出が可能になります。その代表例に「円の面積」があります。

「円の面積」が次のようになることはご存知だと思います。

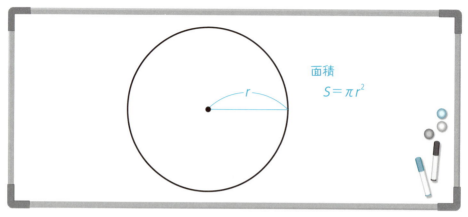

これを積分を利用して求めてみたいと思います。

まずは，高校数学の「図形と方程式」で学ぶ「円の方程式」を考えます。

半径 r の円は，$x^2 + y^2 = r^2$ となります。

これを y について解くと，$y = \pm\sqrt{r^2 - x^2}$ となります。

すると対称性を考えると，求める面積 S は x 軸の $0 \sim r$ の第一象限の面積を 4 倍すればいいですね。

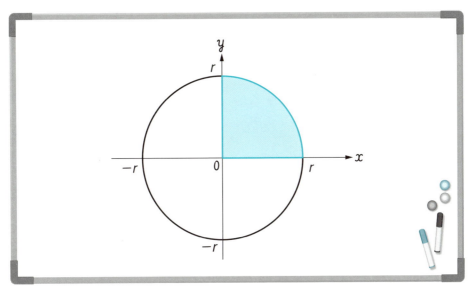

つまり，円の面積 S は次の積分ができればよいのです。

$$S = 4\int_0^r \sqrt{r^2 - x^2}\, dx$$

ここで，この計算に前で学んだ「置換積分法」を用います。

$$S = 4\int_0^r \sqrt{r^2 - x^2}\, dx$$

$x = r\sin\theta$ とする。

これを θ で微分すると　$\dfrac{dx}{d\theta} = r\cos\theta$　∴　$r\cos\theta\, d\theta = dx$

積分区間を変えると

x	$0 \to r$
θ	$0 \to \dfrac{\pi}{2}$

$$よって，\quad S = 4\int_0^r \sqrt{r^2 - x^2}\, dx$$

$$= 4\int_0^{\frac{\pi}{2}} \sqrt{r^2(1-\sin^2\theta)} \cdot (r\cos\theta\, d\theta)$$

$$= 4r^2\int_0^{\frac{\pi}{2}} \cos^2\theta \cdot d\theta$$

$$= 4r^2\int_0^{\frac{\pi}{2}} \frac{1+\cos 2\theta}{2} \cdot d\theta$$

$$= 2r^2\left[\theta + \frac{1}{2}\sin 2\theta\right]_0^{\frac{\pi}{2}}$$

$$= \pi r^2$$

　以上のようにして，丸暗記していた「円の面積」がきっちりとごまかしのない導出で理解できるのです。

おー！円の面積ってこう導出するんだ！(｀・ω・´)

 ▼・ω・▼ね，積分を利用するといろんな面積が求まることになるの。

でも，円の面積って暗記したほうがよくない？(ﾟДﾟ)

▼・ω・▼そうだね，まあ試験会場でいちいち導出する人なんていないよね。だけど，大事なのは「なぜその形になるのか？」って思考することなの。一度自分できっちりと導いた結果は，あとは「常識」として身につければいいの。

なるほど(ﾟ∀ﾟ)

 ▼＝ω＝▼結局，勉強って「未常識」を「常識化」していくプロセスだから，学習が進むにつれて『これは，よく使うからもう常識として覚えておこう』っていうものは増えていって当然なんだよ。

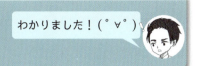

わかりました！(ﾟ∀ﾟ)

9. 体積も求められる

●体積も積分で計算可能

積分は面積を求めること，確かに積分の起こりは「面積」です。しかし，本来の積分概念は『微小なものをちびちび積み重ねる』というものです。

ということは実は，「体積」だって積分で計算可能なのです。

例えば，今まさにあなたが手にしている「本」はどのように形作られているでしょうか？

「本」は，【薄い紙ぺら】を何枚も何枚もちびちび【積み重ねる】ことによって出来上がるのです。

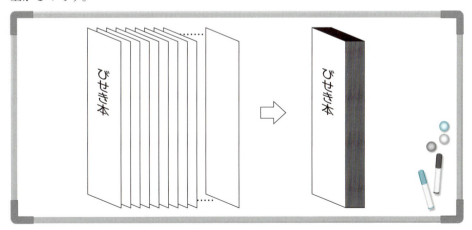

つまり，ちびちび積み重ねるという積分概念を利用できるのです。

● 体積の積分評価の仕方

では，少し数学的な評価に入りましょう。体積をどう計算していくのか。基本的な考えは先ほどの通りに「薄いもの」を何枚も積み重ねれば「立体」になっていくというイメージです。

さっきは「本」を例として挙げましたが，ここでは「スライスハム」と「ボンレスハム」の話をしましょう。

「ボンレスハム」を細かく切っていくと，1枚1枚の「スライスハム」になります。ということは逆に言えば「スライスハム」を足していけば，「ボンレスハム」になるということですね。

では，「スライスハム」1枚の体積を考えましょう。任意の位置 x での面積を $S(x)$，厚みは微小なので dx とすると1枚の体積は，$S(x) \cdot dx$ と書けます。

これを $x = a \sim b$ までちびちび積み重ねれば「ボンレスハム」になるのです。

よって体積 V は次の式になります。

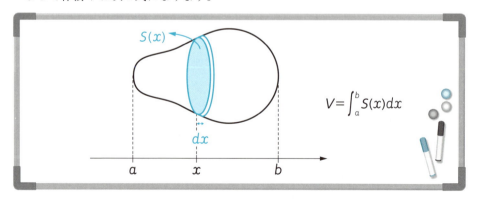

$$V = \int_a^b S(x)dx$$

お〜，面積だけじゃなくって体積も積分で求められるんだ！？（ ﾟ∀ﾟ）

▼＝ω＝▼そうそう，結局は「小さいものを積み重ねる」っていう積分の基本概念が活きるものには，積分が利用できるの。

ほうほう，じゃあ何かを足していきたい！って思えるときは積分が使えるの？（´・ω・｀）

▼・ω・▼うん，もちろんただの足し算で計算が処理できるかもしれないし，足していく方法はΣ（シグマ）計算もあるからそれぞれ適材適所を考慮しなきゃいけないけど，積分は使える場面は多いよ。

へ〜（ ﾟ∀ﾟ）

● 回転体の体積

入試等にもよく出てくる体積計算が「回転体の体積計算」です。

あるグラフを x 軸の周りにぐるっと 1 回転したときにできる立体の体積を考えてみたいと思います。

例えば次の図をご覧ください。

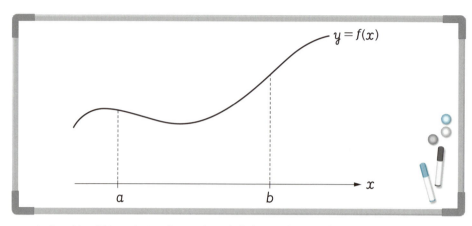

　これを x 軸の周りにぐるっと 1 回転したときにできる図形の $x=a\sim b$ までの体積を考えてみましょう。すると次のような立体になります。

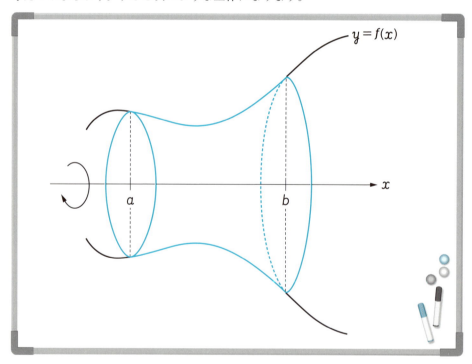

　ここで，任意の位置 x での薄い 1 枚の体積を考えます。すると面積は円の面積になります。

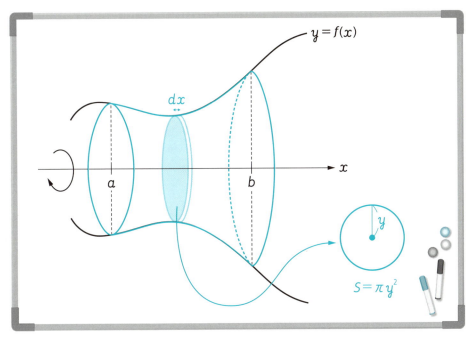

よって体積は次式になるということです。

$$V = \int_a^b \pi y^2 dx$$

$$= \int_a^b \pi \{f(x)\}^2 \cdot dx$$

$y = f(x)$

10. 円錐の体積

● $\frac{1}{3}$ の謎解き

では，これまた小学校の頃に丸暗記していた「円錐の体積」についての導出をしてみましょう。

「円錐の体積」は、「底面積×高さ×$\frac{1}{3}$」でしたね。なぜ$\frac{1}{3}$がつくのか不思議だと小学生のころから思っていた人は多くいると感じますが、この謎解きができるようになるのです。

まずは、次のような原点$(0,\ 0)$と点$(h,\ r)$の2点を通る直線を考えます。

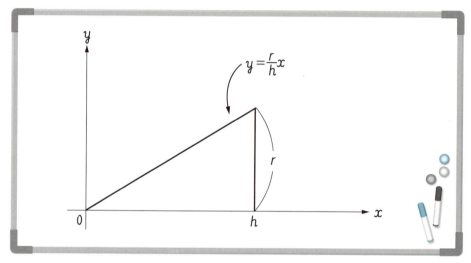

このときの直線の方程式は、$y=\frac{r}{h}x$になることはよいでしょうか。傾きが$\frac{r}{h}$ですもんね。

では、この直線をx軸の周りに1回転してみましょう。

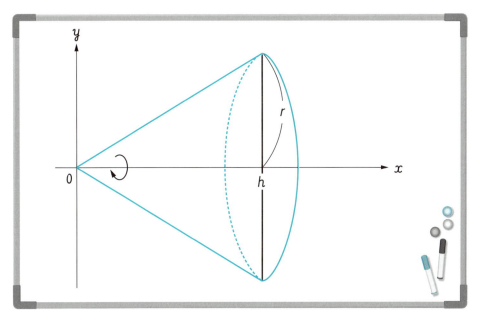

すると上のように円錐が表れます。

では，「円錐の体積」は前で学んだ「回転体の体積」の考えを利用すると次のように求めることができますね。

$$V = \int_0^h \pi \left\{ \frac{r}{h} x \right\}^2 \cdot dx$$

$$= \frac{\pi r^2}{h^2} \int_0^h x^2 dx$$

$$= \frac{\pi r^2}{h^2} \left[\frac{x^3}{3} \right]_0^h$$

$$= \frac{1}{3} \pi r^2 h$$

すると，以上のように「円錐の体積」の公式と呼んでいたものが出てくるのです。なぜ $\frac{1}{3}$ が出てきたのか，これでハッキリしましたね。つまり，計算のなかで「2次

関数 x^2」を積分していたから $\dfrac{1}{3}$ が出てきたのです。

> あ〜，そういうことだったのか！
> なんで $\dfrac{1}{3}$ なのか疑問だったんだよね，昔から (°∀°)

> ▼・ω・▼ね，積分するといろいろ知識として知っているだけだったものに「根拠」を付けて答えることができるようになっていくでしょ？

> うん，積分ってすごいっすね。
> ほかに丸暗記していた面積や体積公式ってありましたっけ??(°Д°)

> ▼・ω・▼あとは「球の体積と表面積」とかがそうだよね。

> それらも証明できるんですか？(´・ω・`)

> ▼・ω・▼うむ，できるよ。じゃあ次で確認してみようよ。

11. 球の体積・表面積

● 球の体積

　ここでは，「球の体積」について扱ってみましょう。半径 r の球の体積は次のように表現できることは中学校で学びましたね。

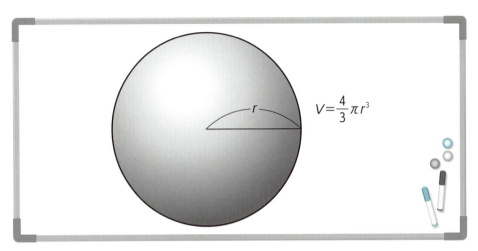

$$V = \frac{4}{3}\pi r^3$$

中学校のころはこれを覚えるのに苦労した人が多いのではないでしょうか。「身の上に心配ある参上」などのゴロ合わせで覚えた人も少なくないはずです。

なぜこのような式になるのか，これまた「回転体の体積」として導出が可能です。以下をご覧ください。

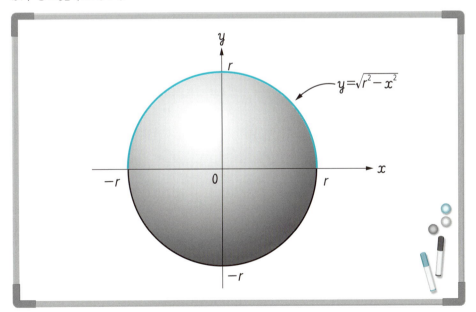

$$y = \sqrt{r^2 - x^2}$$

半径 r の球の体積は，円の方程式の x 軸より上の部分 $y = \sqrt{r^2 - x^2}$ を x 軸周りに1回転すればよいですね。

よって，求める体積 V は次のようになります。

$$V = \int_{-r}^{r} \pi \left(\sqrt{r^2 - x^2} \right)^2 dx$$
$$= \pi \int_{-r}^{r} (r^2 - x^2) dx$$
$$= \pi \left[r^2 x - \frac{x^3}{3} \right]_{-r}^{r}$$
$$= \frac{4}{3} \pi r^3$$

以上により，「球の体積」の公式を求めることができました。

へ〜，こうやって導出できるんすね！(ﾟДﾟ)

 ▼・ω・▼ね，ビックリするよね。もちろん小中学生に「積分がどうのこうの〜」って説明するのは難しいから，丸暗記でも仕方ないけど，年齢や学ぶステージが上がっていくにつれて，根拠をもって語れるものって徐々に増していくよね。

なるほど(ﾟ∀ﾟ)

● 球の表面積

では，最後に「球の表面積」について考えてみたいと思います。

これは，やや難しいですが頑張って読み進めてみてください。

いま，球を横に切っていき，ぐるっと回るはち巻きのような帯の集合体と考えます。図の青い部分の帯の面積を考えましょう。

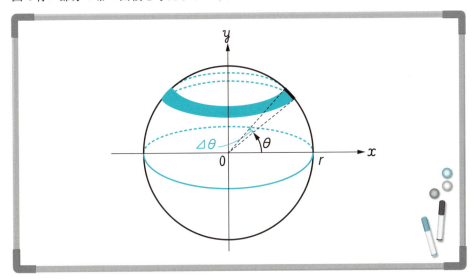

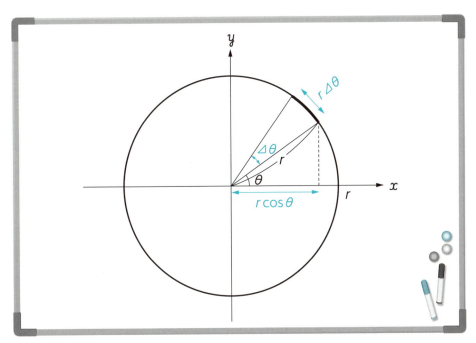

　すると帯の横の長さ，つまり周の長さは $2\pi r \cos\theta$，次に帯の高さ，つまり幅は $r\Delta\theta$ になります。

　ということは帯 1 本の表面積は $2\pi r^2 \cos\theta \cdot \Delta\theta$ になります。もちろんいま $\Delta\theta$ は微小変化分なので $d\theta$ と書けます。

　つまり，表面積は $2\pi r^2 \cos\theta \cdot d\theta$ なのです。

　これを区間，$-\dfrac{\pi}{2}$ から $\dfrac{\pi}{2}$ まで積分すればよいのです。

　すると次のように計算できるのです。

　表面積 S は，

$$
\begin{aligned}
S &= \int_{-\frac{\pi}{2}}^{\frac{\pi}{2}} 2\pi r^2 \cos\theta \cdot d\theta \\
&= 2\pi r^2 \Big[\sin\theta\Big]_{-\frac{\pi}{2}}^{\frac{\pi}{2}} \\
&= 4\pi r^2
\end{aligned}
$$

　これで「球の表面積」も導出できました。

> むむ，難しい……かも (ﾟДﾟ)

▼・ω・▼うん，ちょいムズだよね，これ。球をたくさんの帯に横で切っていってそれを全部足せば表面積になるでしょってアイディアなんだよね。

11. 球の体積・表面積

ほうほう。難しいけど，
これでだいたい丸暗記してた公式は導出できた ?? (´・ω・`)

▼・ω・▼そうだね。積分を用いると，面積や体積公式が導出できる。
つまり，「ちびちび積み重ねる」という考えを用いていろんな図形を解
きほぐせるってことをわかってくれた？

OK !（°∀°）

Memo

第5章

物理学と微積分

1. 微分方程式で自然を語る

● 自然を微分で記述して，積分して把握する

　では，この章から『物理学と微積分』の関係性の話をしていきましょう。まず，物理学という学問がどんな世界観をもっているのかご紹介します。

　物理学（およびサイエンス全般）は，『自然現象すべてを何かしらルールのある振る舞いと考える』という人間の知的活動の1つです。

　ただ，これはもちろん先入観ですよね。自然，ひいては宇宙が何かしらのルールのある振る舞いであるか否かは最初からわかるはずありません。ただ人々，とくに西洋文化圏の方の多くはこの宇宙は「人間をメタ的に見ている全知全能の存在（端的にいえば神）」が創造したものであると考えています。だからきっと綺麗で美しいルールがあるんだ，と思い込んでいたのです。そしてそのような先入観のもと実験や観測を行うと，確かに「この世界に起こる出来事にはルールがありそうだ」とわかってきたのです。

　そうすると，人間はそのような「ルール」を記述するための言語を必要とします。人間は言語を用いて思考する動物なので，「物理学」という世界観を表現するための言葉を手に入れたいのです。

　その言葉というのが，「数学」なのです。

　あの，ガリレオ＝ガリレイも「自然という書物は，数学という言語で書かれている」と語ったといいます。だから人間は徹頭徹尾，数学概念の発展を実行し，それが自然現象にどうマッチングしていくのかを探ってきたのです。

　微分の講義のときに「自然は複雑，だから微分という概念をつくった」と言いました。今から学ぶのはまさにそれで，「自然現象をまず微分で表現する」ことを考えます。

　しかし，それだけでは不十分です。微分はあくまで微小な変化，つまり局所的に物事を見ているにすぎません。実際の自然現象を大局的に理解するには，その微小変化を積み重ねていくことが必要になります。それが積分ですね。

　つまり，物理学において自然現象をどうとらえているのかというと，次のように言えるわけです。

『自然現象をまず微分の形で記述し，それを積分することで
どのようなことが起きるか把握する』

　これが「物理学」でやっていることなのです。

　そして「**自然現象を微分の形で表現した式**」を，微分形で表された方程式という意味で『微分方程式』といいます。

　結局は，この『微分方程式』というものを解くことが目標になるのです。そしてその解く方法が基本的には「積分する」ということなのです。

なんか難しい話になってきた？（´・ω・｀）

175

▼・ω・▼そう感じる??　「微分方程式」って字面だけみると難しく感じるのかな?　でも言いたいことはすっごく単純単純。結局,「自然は難しい」→「微分でならなんとか表現できるっぽい(微分方程式を作る)」→「じゃあ,それを積分すれば自然現象全体がわかるんじゃね??(微分方程式を解く)」ってことだよ。

あ〜,なるほど。なんとなく雰囲気はつかめたかも(°∀°)

● 運動を知るとは,位置情報の入手のこと

ここから本格的に自然現象を観る方法論について考えてみましょう。

人間の素朴な自然に対する要望は「ものがどう動くのか知りたい」ということでした。それは,人の動きだったり,月や車などの動きだったり,様々ですが『物体の運動』をどう理解するかがまずはスタートになったのです。

では,『物体の運動』を理解するとはどういうことか,それは結局『あらゆる時刻における物体の位置情報』を手に入れるということです。

投げたボールが,1秒後にはこの位置に,3秒後にはこの位置にくる,ということが把握できたとき,人間は「運動がわかった」と言うのです。

「位置情報」は,基本的には位置ベクトル r という数学概念で表現することができます。

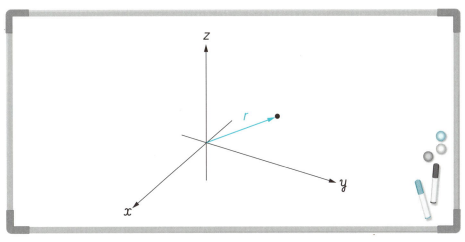

この位置ベクトル **r** は何が原因で決まっていくものなのかが知りたいのです。

あれ，ベクトルって $\vec{r}$ みたいに上に矢印つけて表すんじゃないの？
（´・ω・`）

▼・ω・▼もちろんその表記もベクトルを意味するけど，大学数学以上ではふつうベクトル表記は **r** って感じで太字（ボールド表記）を用いることがほとんどだよ。もし，身近に大学レベルの教科書とかあったら見てごらん？　ベクトルは太字で印刷されているのが大半だよ。

へぇ〜（´・ω・`）

▼＝ω＝▼だから意外と大学1年生ってベクトルの矢印表記に慣れ過ぎていて，大学の数学の授業でこの太字で表されたベクトルに違和感覚える人って多いのね。

じゃあ，いまのうちに太字表記のベクトルに慣れておきます！
（＝°ω°）ノ

● 位置の変化＝速度

　もちろん，物体は常にず〜っと同じ位置に存在するのはごくまれで，ふつうは時刻によっていろいろ変わりうるわけです。そこで，その「**位置が時刻によってどう変わるのかを記述する言葉**」もほしくなるのです。

　それがご存知『**速度 v**』なのです。

　ただ，これまた小学生のころの概念のまま突き進むと壁にぶち当たるのです。小学生のときには，「速度＝距離÷時間」と教わりました。これって本当に「速度」を表現しているのでしょうか？

　例えば，「車が60kmの距離を1時間で動いたときの速度は？」という問いに，小学生は「60÷1＝60km/h!!」の後に，「時速60kmです！」と答えるのですが，これは怪しい。怪しいというかまあウソですよね。

　なぜなら，車が常に時速60kmで動いているとは到底思えないからです。発車した瞬間は，まだほとんど動いていないだろうし，途中で信号などで止まっているかもしれません。

　あくまでもこの時速60kmというのは「もし，ずーっと同じ速さで動いたとしたらこのくらいの速度だよね」という『**平均の速さ**』なのです。

　では，その時々刻々変わる本来の速度はどのように表記すればいいのでしょうか。その方法は難解ではありません。速度の概念を局所的にみればいいのです。

　平均の速さは，「全体の距離」を「全体の時間」で割ってしまうからまずいのです。そこで，微小な時間でどれくらい微小な距離変化が生まれたのかを把握できさえすれば，その瞬間の『**速度**』が手に入るのです。

つまり,『速度 v』の定義式は次のようになります。

$$速度\ v = \frac{dr}{dt}$$

「微小な位置変化 dr」を「微小な時間変化 dt」で割っているのです。つまり,「**速度は位置を時間で微分したもの**」といえるのです。ちなみに速度は英語で velocity なのでよく v が記号として用いられますね。

そして,この $\frac{dr}{dt}$ という表記はライプニッツ記号でしたね。物理学者ニュートンは独自にこの位置 r を時間 t で微分したものを次のように表記しました。

$$速度\ v = \dot{r}$$

時間微分を単純に上にドットをつけて表現することにしたのです。この記法も全世界で使用されています。この章は「物理においてどう微分積分が使われるのか」ということに重きを置いているので,こちらのニュートンの記法を主に使用していきます。

ただ上に黒丸のドット記号を付けるだけで微分したことになるの？へ〜，おもしろ（ﾟ∀ﾟ）

 ▼＝ω＝▼ 1つだけ注意してほしいのは「時刻 t で微分したもの」だけだよ。

時刻以外の変数で微分したものはドット付けちゃいけないですか？（´・ω・`）

 ▼・ω・▼うむ。

● 速度の変化＝加速度

　さて，人間は位置の変化分として速度を定義しました。そして，この速度が運動を記述するための要因を担っていると考え，様々な研究や実験を行ったのですが，速度だけ見ていても全くうまくいかなかったのです。

　そこで，「どうやら速度だけでは運動を理解するのには不十分っぽい」と考えはじめ，さらに速度の変化分も定義したのです。

　速度の変化分，それが「加速度 a」です。加速度は英語で acceleration なのでよく a を記号として用います。

　加速度は速度が微小時間でどう変化するかを表す言葉です。よって次のように定義します。

$$加速度\ a = \frac{dv}{dt} = \frac{d^2 r}{dt^2}$$

$$= \dot{v} = \ddot{r}$$

　加速度は「速度を時間で 1 回微分したもの」です。ということは「位置を 2 回微分したもの」という言い方も可能ですね。

　ニュートン記法を用いると 2 階導関数は r の上に黒丸ドットを 2 個のせます。

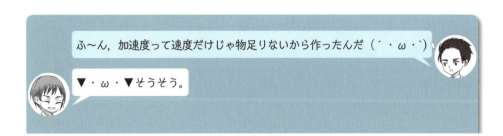

あの〜，2階導関数って？　2回導関数って書き方じゃダメなの？ (°Д°)

▼・ω・▼う〜んとね，微分するという『行動』をいうときは普通に「1回，2回」と数えるけど，微分した『モノ』つまり，『導関数』を指すときには「1階，2階」ということが多いんだよね。ただ，まあ結構ごっちゃに使う人も多いね。

へ〜（°∀°）

　さて，「位置の変化分として速度」を，さらに「速度の変化分として加速度」を定義したわけです。じゃあ，とりあえずこの「加速度」という概念を使って運動が理解可能かどうか，また人間は試行錯誤していったのです。

　すると……，すべてがうまくいったのです。

　加速度 a がわかってしまえば運動情報はすべて手に入れることが可能になったのです。

　だから人間は加速度より先の言葉を作成しなかったのです。

　結局，加速度 a がわかれば，それを積分して速度 v に，さらに速度 v を積分すれば位置 r が出るのです。

では，次の課題は「加速度 a はどのようにして求めるのか」，ということになりますがそれは次の節に回すとして，まず加速度から運動情報を手に入れる簡単な例を確認しておきましょう。

いま，物体がまっすぐ 1 次元運動のみで，かつ加速度 a が一定の場合を考えましょう。下図のように x 軸という直線上を運動する物体を考えます。

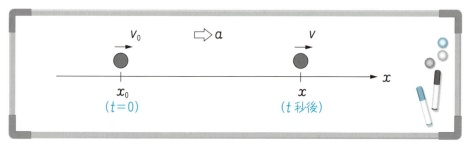

最初（$t=0$）で初速度 v_0 を，初期位置 x_0 だとします。では，任意の時刻 t での速度 v や位置 x はどう表現できるか考えましょう。

すると次のように求めることができます。

加速度 $a=$ 一定のとき

$$v = \int a\,dt$$
$$= at + C$$
$$= at + v_0$$

$t=0$ で
$v=v_0$ なので
C は v_0

$$x = \int v\,dt$$
$$= \int (v_0 + at)\,dt$$

$$= v_0 t + \frac{1}{2}at^2 + C'$$

$$= v_0 t + \frac{1}{2}at^2 + \underset{\sim}{x_0}$$

> $t=0$ で
> $x=x_0$ なので
> C' は x_0

　速度，位置の積分計算の中に「積分定数」である C や C' が登場しますが，これらは「**最初（$t=0$）での情報**」なので，これらを「初期条件（もしくは初期値)」といいます。

　つまり，任意の時刻 t での速度，位置情報を知りたい場合，加速度のほかに「最初どうだったのか」という初期条件も必要になるのですね。

　以上，加速度 a が一定の運動を整理すると下のようになります。

加速度 **a** が一定のとき

$$v = v_0 + at$$

$$x = x_0 + v_0 t + \frac{1}{2}at^2$$

　これらを「等加速度運動の式」なんて呼ぶこともあります。

あれ，この式なんか見覚えあるかも？（´・ω・`）

▼・ω・▼気づいた？　この式って高校物理で最初に出てくる公式なんだよね。

あ，そうだ！　物理で「等加速度運動の式」ってやった！　いきなりこの式が出てきたから「物理ってこんな複雑な公式ばっかり出てくるの⁇　ヤダな〜」って思った記憶がある！（ ﾟДﾟ）

▼・ω・▼ね，ほとんどの高校生がはじめて出会う物理公式ってやつがこれだからビビるよね。でも内容は至極簡単で，ただの一定の加速度 a を積分していったものなの。

なぁ〜んだ，無理して何回も書いたりして丸暗記してたよ（´・ω・`）

▼・ω・▼高校物理の指導要領では原則「高校物理では微積は用いない」ことになっているから丸暗記になっちゃうんだよね。でも，そもそも物理でやっていることは「自然を微分で局所的に見て，それを積分して大局的に把握する」ものだから，物理と微積は切っても切れない関係にあるの。

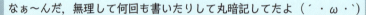

2. 「運動方程式」という微分方程式

● 運動の因果律「Newton の運動方程式」

　物理学の方法は基本的には，『自然現象をまず微分の形で記述し，それを積分することでどのようなことが起きるかを把握する』ということであると前の節で学びました。

　そのためにいろいろな言葉を定義しましたね。「位置」，「速度」，そして「加速度」と。「加速度」より先の言葉を定義しなかったのは，どうやら自然現象は「加速度」を知ることができれば大概の事象は説明できるとわかってきたからなのです。自然科学において固有名詞があるということは，それが重要だったり，よく使ったりするからなのです。

では，次の疑問は『何によって「加速度」は決定していくのか？』ってことです。

つまり，「運動を支配するルール」，言い換えれば「運動の因果律」，それに気づいたのがニュートンです。

ニュートンは「加速度はこれによって決定する」と，たった１つの式で表現することに成功したのです。

その式を『運動方程式』といいます。これは物体の運動現象を扱う上で最も枢要な方程式です。

ニュートンの『運動方程式』は次の形で表現されます。

$$m\ddot{x} = F$$

この式の中で m は質量で，$\ddot{x}$ はもちろん加速度，F は力を意味しています。

この式が何を物語っているのかを考えましょう。この式を「m かける $\ddot{x}$ は F だね。」と読んではいけないのです。それはあくまでも「数学的な式の読解」であり，「物理学的な式の読解」ではないのです。

繰り返しになりますが，「数学は言語」です。自然科学の中で使われる数学は必ず「ストーリー」を持ったものだという認識を常に持ち続けてほしいと思います。

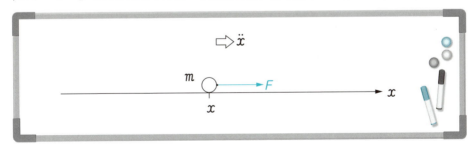

さて，この運動方程式は次のような「ストーリー」を持っています。

『質量 m[kg] の物体に，力 F[N] を加えたら，加速度 $\ddot{x}$[m/s^2] が生じた。』

そうなのです，この式は運動の原因と結果を表現していると考えられます。

物体に，力 F[N] を加えた（原因）→そうしたら，加速度 $\ddot{x}$[m/s^2] が生じた（結果）。このような「原因と結果」を意味するものを「因果関係」といいますね。つまり，「因果関係」についてのルールなので，運動方程式は運動の『因果律』とみる見方が最も自然なとらえ方なのです。

今までの内容を整理すると次のようになります。

「運動は加速度がわかれば理解できる」→「加速度を求めるには運動方程式が必要」→「運動方程式によると加速度は力によって決定するという」

では，次の課題が見えてきました。

結局は物体にどんな『力』が働いているか判断できればよいということなので，「力」をどう発見すればよいのか，について考えていきましょう。

ふ〜ん，「運動方程式」ってやつが一番大事なの？(´・ω・`)

▼・ω・▼そうなんだよ。物体の運動現象は「運動方程式」が基盤となって発展していくの。

なんか高校物理で単なる公式っていう認識しかしてなかったな。「運動方程式」ってさ (ﾟДﾟ)

▼・ω・▼そういう受験生は一定数いるけど，この「運動方程式」は公式なんていうものとは次元が違うくらい重要なの。なんでかっていうと，この「運動方程式」は証明できないの。

え!? 証明できないの??（°Д°）

▼・ω・▼うん。この「運動方程式」は正しいと認めるほかないの。「運動方程式」を用いると様々な運動現象がことごとく解明できたから，人間は「運動方程式は正しい」，もっと言えば「我々の住む宇宙はこの運動方程式が成立する世界のようだ」という認識を持ち始めたの。

へ〜，物理の世界には「証明できない式」も存在するんだね（°∀°)!

● 力の現れ方

　では，力の見つけ方を考察しましょう。しかし，何も難しいことはありません。力というのは次のたったの2種類に大別できるのです。

①重力

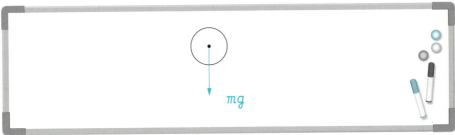

$$mg$$

　物体は，地球表面（単に地表ともいう）付近では，下向きに mg という大きさの力を受けています。この g というのは**「重力加速度」**といい，重力のみが作用しているときに生じる加速度のことです。

②接触力

　重力以外の力の見つけ方は「**物体に何がくっついているのか？**」と探すだけです。

　例えば，糸がくっついていれば糸からの「張力」があるし，面がくっついていれば「垂直抗力や摩擦力」，バネやゴムひもがくっついていれば「弾性力」などという力が出てきます。

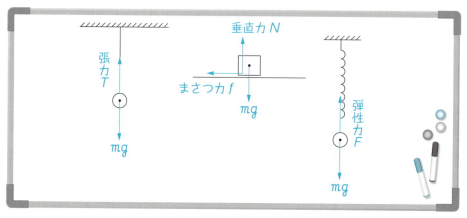

　力の見つけ方は，たったこれだけなのです。

※1つだけ補足をしておきます。ニュートンを中心に発展した運動学は「Newton 力学」と呼ばれるもので，「古典物理学」に分類されます。

　現代物理学，特に素粒子レベルでは力（より正確には相互作用という）は「重力」「電磁気力」，「弱い相互作用」そして「強い相互作用」の4つに分類されます。人間は最終的には力をただ1つの法則で書くことができないかと夢見ているわけですが，まだその成功にはほど遠いようです。

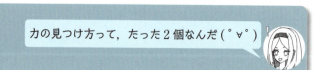

力の見つけ方って，たった2個なんだ (ﾟ∀ﾟ)

▼・ω・▼うん，なんか「○○力が，△△力が〜」って単語だけ覚える人は，力って何個も存在すると思っているみたいなんだけど，「Newton力学」では，たった2種類のみなんだよね。

さっきの「古典物理学」ってなんですか？(｡∀｡)

▼・ω・▼まあだいたい19世紀までに完成された物理学のことを総称して「古典物理学」というのね。特に今扱っている「古典力学」を「Newton力学」っていうの。それに対して20世紀からスタートした「量子力学」「素粒子物理学」などを「現代物理学」って言ってるのさ。

じゃあ，「古典物理学」って古いの？　あんま意味ないの？(；∀；)

▼・ω・▼いやいや，人間の目に見える運動とかは今でも「Newton力学」の理論体系で説明できるよ。
目に見えないミクロな世界になると「Newton力学」の限界が徐々に登場するってだけ。

お，よかった〜，「Newton力学」は今でも価値あるものなんだ(｡∀｡)

●「運動方程式」を解く

「運動方程式」は，位置の「2階導関数」である「加速度」が入っている式なので，言うまでもなく『微分方程式』です。

では，具体的に「運動方程式を解く」ということを放物運動を例に練習してみましょう。

いま，原点から傾角 θ，初速度 v_0 で発射した質量 m のボールの運動を考えましょう。

このボールの「軌道の方程式」と「最大水平到達距離」を求めてみましょう。

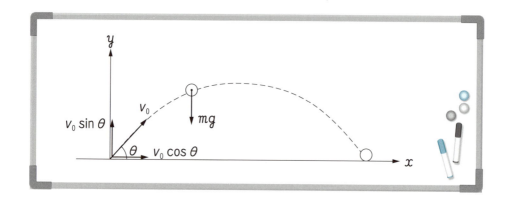

x 方向，y 方向の運動方程式より

$$m\ddot{x}=0, \quad m\ddot{y}=-mg$$

よって，加速度はそれぞれ

$$\ddot{x}=0, \quad \ddot{y}=-g$$

次に，速度は初期条件を考慮して積分すると

$$\dot{x}=v_0\cos\theta, \quad \dot{y}=v_0\sin\theta-gt$$

次に位置も初期条件を考えて積分すると

$$x=v_0\cos\theta\cdot t, \quad y=v_0\sin\theta\cdot t-\frac{1}{2}gt^2$$

位置の式より t を消去すると，軌道の方程式は

$$y=-\frac{g}{2v_0^2\cos^2\theta}\cdot x^2+\tan\theta\cdot x$$

となり，y は x の2次関数とわかる。

（だから，2次関数のグラフを「物を放ったときにできる線」で
『放物線』という。）

最大水平到達距離は，再び着地，つまり $y=0$ となる瞬間なので，

$$0=-\frac{g}{2v_0^2\cos^2\theta}\cdot x^2+\tan\theta\cdot x$$

これより

$$x = 0, \quad \frac{2v_0^2 \sin\theta \cos\theta}{g}$$

もちろん $x > 0$ なので

$$\frac{2v_0^2 \sin\theta \cos\theta}{g} \quad \text{が最大水平到達距離になる。}$$

ちなみに打ち上げ角を何度にしたら最も遠くへ飛ぶのかもチェックしておきましょう。

$$\frac{2v_0^2 \sin\theta \cos\theta}{g}$$

2倍角の公式より
$$2\sin\theta\cos\theta$$
$$=$$
$$\sin 2\theta$$

$$= \frac{v_0^2 \sin 2\theta}{g}$$

つまり，$\sin 2\theta = 1$ のとき，最大になる。

よって，$2\theta = 90°$

$\theta = 45°$ で射程は最大値をとる。

へ〜，運動方程式からいろんなことがわかるんですね (°∀°)

▼・ω・▼うん，基本は「運動方程式から加速度を求める」→「1回積分して速度情報を手に入れる」→「もう1回積分して位置情報を手に入れる」っていう流れだよ。
注意点は積分すると必ず積分定数が出るから「初期条件」を考慮してその定数が何かをきちんと記述することだね。

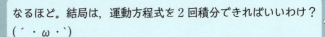

なるほど。結局は，運動方程式を2回積分できればいいわけ？
(´・ω・`)

▼・ω・▼お，いいね〜。そうそう，運動方程式を2回積分することができれば位置情報までたどり着けるわけだから『運動方程式を2回積分することができれば運動は完璧に理解できる』ね！！

3. 運動量原理とエネルギー原理

● 運動方程式の1回積分で入手できる情報

運動現象の因果律が「運動方程式」であるという主張は，ニュートン力学では一貫して持つべき信条です。

しかし，現実問題として運動方程式を「いつでも解ける」かどうかは別のお話しです。

運動方程式をもう一度確認しましょう。

$$m\ddot{x} = F$$

これは「加速度を決めるのは力である」というストーリーを含んでいるのでした。そして運動を理解するということは，基本的に『位置』，『速度』などを知ることと同義です。つまり，この運動方程式を2回積分することに成功すれば，位置までの情報が得られるのです。

つまり，『運動方程式を2回積分すれば，完全無欠な運動情報を得られる。』ということです。

しかし，これってどんな場合でも可能な操作でしょうか？

例えば，力 F がもし相当複雑な関数だったら？

もしくは，そもそも力 F がどんな関数になるかすらよくわからないとしたら？

ほんのちょっぴりでも力 F が変な形になった時点で，運動方程式を2回積分してみるなんてことは，もうほぼ絶望的であることは言うまでもないですね。

運動を解析する立場になったときに，2回積分が無理な場合があるのです。

では，1回積分で出てくる運動情報はないのでしょうか？

運動方程式を1回積分することにより得られる運動情報が，実は存在するのです。その代表例が「力積と運動量」，「仕事とエネルギー」と呼ばれるものです。

高校物理では，これらの情報は運動方程式とは別物として紹介されているので，「なんでこんなものを覚えなきゃいけないの？」「これっていったいどこから出てきた情報なの？」と思う人が多いのですが，これらはすべて『運動方程式をいじったときに必然的に出てくる情報』なのです。

ふ〜ん，『運動方程式』を2回積分できれば「完全無欠な運動情報」が手に入るんだ（｀・ω・´）

あれ？　じゃあ，いまからやろうとする『運動方程式を1回積分』ってやつだと，「完全無欠な運動情報」はゲットできないんじゃ…？（；∀；）

▼・ω・▼そだね。

 え〜！(´;ω;`)

▼・ω・▼「完全無欠な運動情報」は無理だね。だから、『運動方程式を 1 回積分』して出てくる情報は、ネガティブイメージでとらえると「中途半端で不十分な情報」ってことだよね。でもさ、ポジティブイメージで考えれば、「部分的な情報」は入手できるってことだよね。

そっか (°∀°)

▼・ω・▼ね？　ポジティブにとらえようよ、なんか情報が得られるってことはイイことなんだよ。

● 運動量原理

では、今回も話をシンプルにするために 1 次元運動における考察を行います。

まずは、下図のような状況を考えてみましょう。

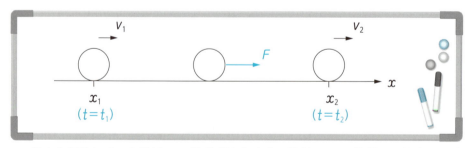

x 軸上を運動している質量 m の物体があります。時刻 $t=t_1$ で位置 x_1，速度 v_1，そして力 F を加えられて、時刻 $t=t_2$ で位置 x_2，速度 v_2 となったとします。

このときの運動方程式は次のように書けますね。

$$m \cdot \frac{dv}{dt} = F$$

　ここでは，ニュートンの記法より，ライプニッツの記法の方がより理解しやすいのでライプニッツの記法を使って書いています。

　では，ここで運動方程式を「時間で積分」してみましょう。($t=t_1 \sim t_2$ で)

　すると次のようになります。

$$\int_{t_1}^{t_2} m \cdot \frac{dv}{dt} dt = \int_{t_1}^{t_2} F \cdot dt$$

　この左辺は，

速度 v は時刻 t の関数

$$\int_{t_1}^{t_2} m \cdot \frac{dv}{dt} dt = \left[mv \right]_{t_1}^{t_2} = mv_2 - mv_1$$

t_2 での速度　　t_1 での速度

と変形することが可能なので，結局この積分は次式になります。

$$mv_2 - mv_1 = \int_{t_1}^{t_2} F \cdot dt$$

運動量　　力積

　このとき，左辺に出てきた「質量 m ×速度 v」という情報に「運動量」と，右辺の情報に「力積」と名付けるのです。

　力積というのは，力の時間積分，つまり，『力の時間合計の効果』を意味すると解釈できますね。
　そして，上の式は実用的には次のように書き換えるとその意味が理解しやすいです。

$$mv_1 + \int_{t_1}^{t_2} F \cdot dt = mv_2$$

はじめの　　　加えた　　　あとの
運動量　　　力積　　　運動量

　この数式を日本語に訳すと『はじめの運動量に，力積を加えると，あとの運動量になる』という文章になります。この式を，『運動量原理』といいます。

これって，よく教科書に「力積と運動量の関係の式」って載ってるやつ？（´・ω・｀）

 ▼・ω・▼そうそう。それを『運動量原理』っていうの。

へ〜，運動量とか，力積って物理で出てくる公式だと思っていました。ちゃんと導けるんですね（°∀°）

 ▼・ω・▼うむ。こうやって一度でいいからきっちり導いておくと「なんでこんなものが出てくるんだろう？」って疑問が払しょくできるよね。

「時間で積分」する以外に，ほかの積分で出てくる情報ってあるんですか？（°∀°）

 ▼・ω・▼あるよ。それが次の「エネルギー原理」の話。

● エネルギー原理

　設定は先ほど同じ下図の状況にします。

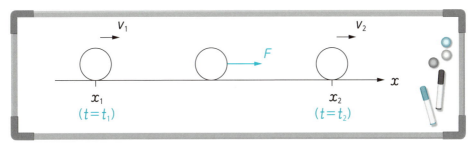

ここで，今度は運動方程式を「距離で積分」してみましょう。($x=x_1\sim x_2$ で)

$$\int_{x_1}^{x_2} m \cdot \frac{dv}{dt} \cdot dx = \int_{x_1}^{x_2} F \cdot dx$$

ここで左辺について，少々テクニカルに見えますが次のような操作を施します。

dx や dt というのは別に $\int$ 記号とセットではなく，ただ単に「微小な距離」，「微小な時間」という意味をもつ数字なのです。

そこで，dv と dx の入れ替えを行います。すると積分変数を v にすることができました。

しかも，$\dfrac{dx}{dt}$ とは，まさに速度 v にほかなりません。

もちろん，積分変数を v にしているので，積分区間も位置 x_1 で速度 v_1，位置 x_2 で速度 v_2 となることに留意すると，「$v_1\sim v_2$」に変更になりますね。

よって，左辺の積分計算は次の通りです。

$$\int_{x_1}^{x_2} m \cdot \frac{dv}{dt} dx = \int_{v_1}^{v_2} m \cdot \boxed{\frac{dx}{dt}} \cdot dv$$

$$\Downarrow$$
$$v$$

$$= \int_{v_1}^{v_2} mv \, dv$$

$$= \frac{1}{2} mv_2^2 - \frac{1}{2} mv_1^2$$

以上を整理すると，運動方程式を「距離で積分」すると次式が得られます。

$$\underbrace{\frac{1}{2} mv_2^2 - \frac{1}{2} mv_1^2}_{\text{運動エネルギー}} = \underbrace{\int_{x_1}^{x_2} F \cdot dx}_{\text{仕事}}$$

このとき，左辺に出てくる「$\frac{1}{2} mv^2$」という情報を「運動エネルギー」，右辺の情報に「仕事」と名付けているのです。

そして，この式を移項して整理すると

$$\underbrace{\frac{1}{2} mv_1^2}_{\substack{\text{はじめの} \\ \text{運動エネルギー}}} + \underbrace{\int_{x_1}^{x_2} F dx}_{\substack{\text{加えた} \\ \text{仕事}}} = \underbrace{\frac{1}{2} mv_2^2}_{\substack{\text{あとの} \\ \text{運動エネルギー}}}$$

となります。

この数式の日本語訳は『はじめの運動エネルギーに，仕事を加えると，あとの運動エネルギー』になるということを意味しています。

これを，『エネルギー原理』と呼んでいるのです。

　物理を勉強している人の中で、「物理の問題は、運動方程式で解いたり、運動量と力積、運動エネルギーと仕事で解いたりするものがあって、どのパターンか見極めるのが大変です！(´；ω；｀)」という人がいるのですが、これは体系的に勉強できていない証拠です。

　だって、「運動量と力積」も「運動エネルギーと仕事」もすべて『運動方程式』をいじって生まれる情報なのです。

　すべて『運動方程式』に帰着できるのです。運動の因果律は、たった1つ、たった1つの『運動方程式』なんです。

　多くの受験生から「なんで運動エネルギーって $\frac{1}{2}mv^2$ なんだろう？？　$\frac{1}{3}$ じゃダメなの？　m^2v^2 じゃいけないの？」という質問を受けますが、「運動量や運動エネルギー」は定義量です。

　『運動方程式』をいじった結果、誕生した情報なのです。それらに、「運動量」や「運動エネルギー」と固有名詞を与えたに過ぎないのです。

　人間だって同じですよね。「まず赤ちゃんとしてこの世に生まれた」→「だから、名前を与えよう」ということと、やっていることは全く同じです。

　この「運動量原理」や「エネルギー原理」が、『運動方程式』を1回積分してゲットできる情報になります。

へ～，いままで公式って思っていたものが導けるってわかるとちょっと感動しますね (°∀°)

▼・ω・▼そう感じてくれるならよかった，よかった。

あの～，質問なんすけど，「運動量原理」と「エネルギー原理」ってどういうタイミングで効果を発揮するっていうか，どう使い分けるんですか？

▼・ω・▼それぞれの式をよく見れば，たぶん気づくんじゃないかな～。「運動量原理」はさ，『時刻と速度』情報をダイレクトにつないでいるね。「エネルギー原理」は，『位置と速度』情報をつなぐよね。

なるほど！『時刻と速度』について知りたいときは「運動量原理」を，『位置と速度』について知りたいときは「エネルギー原理」を使えばいいんだ！ (°∀°)

▼・ω・▼うん，基本的な理解としてはそれでOK!

4. 変数分離形の微分方程式

● 微分方程式の最も基本となる解法

　では，ここからさらに自然現象の中でどう微分方程式をつくり，それを解いているのか，という話をしていきましょう。

　繰り返しになりますが，物理学とは『自然現象をまず微分の形で記述し（微分方程式をつくる），それを積分する（微分方程式を解く）ことでどのようなことが起きるか

把握する学問』です。

　もちろん，前回でも「微分方程式は解いている」のですが，正味なところ前で扱った「微分方程式を解く」という行為は，『ただダイレクトに積分する』ことと同じことでした。

　しかし，実際の自然現象は非常に複雑で，そもそも「微分方程式」そのものが繁雑な形になることが多いのです。

　そしてその「微分方程式」を『どう積分して解くのか』という問題もあります。つまり，現実の自然現象の解析で課題になるのは次の２つになります。

①→自然現象をどんな『微分方程式』でモデル化するのか。

②→①で作った『微分方程式』を，どう「積分」可能な形にもっていくのか。

　この２つを実行することが基本的な「物理学の方法」になるのです。

　実は，「微分方程式」は，それだけで分厚い１冊の本にできるくらいの大テーマなのです。「微分方程式」の解法も非常に豊富でテクニカルな解法も少なくありません。

　本書では，その中でも最も私たちの身近によく顔を出す「微分方程式」として，『変数分離形の微分方程式』にフォーカスして，『微分方程式』の雰囲気を感じ取ってもらうことにします。

　『変数分離形の微分方程式』がどんな自然現象をモデル化することに成功するのかについては，次にまわすとして，ここではまず『変数分離形の微分方程式』の解法を一度まとめておきます。

『変数分離形の微分方程式』とは，その名の通り，「変数を左辺右辺に分離して，積分を実行する」ことで解いていく微分方程式です。

具体的にいうと，微分方程式が次の形式になるのが『変数分離形の微分方程式』です。

$$\frac{dx}{dt} = f(t) \cdot g(x)$$

これを次のように，左辺を変数 x だけの式に，右辺を変数 t だけの式に分離してみましょう。

$$\frac{1}{g(x)} \cdot dx = f(t)dt$$

そして，この両辺を「積分する」ことで，微分方程式を解くことになります。

$$\int \frac{1}{g(x)} \cdot dx = \int f(t)dt$$

具体的に練習してみましょう。

例）
$$\frac{dx}{dt} = t^3(x-5)$$

変数を分離して

$$\frac{1}{x-5} \cdot dx = t^3 \cdot dt$$

両辺を積分すると

$$\int \frac{1}{x-5} \cdot dx = \int t^3 dt$$

$$\log|x-5| = \frac{t^4}{4} + C$$

$$（C \text{ は積分定数}）$$

よって　$|x-5| = e^{\frac{t^4}{4}+C}$
$x-5 = \pm e^{\frac{t^4}{4}+C}$
∴　$x = 5 \pm e^{\frac{t^4}{4}+C}$

微分方程式っていろんな解法があるの？（；∀；）

▼・ω・▼うん。だから本格的に様々な微分方程式を解こうとしたら，技巧的な操作とか多種多様な解法を覚えないといけないから大変なんだよね。

うへー（´・ω・`）

▼・ω・▼でも，「自然現象の中で微分方程式をどう活用しているか」ってことだけに焦点を当てれば，この『変数分離形の微分方程式』だけでも結構いろんな現象を説明できるよ。

ほぉ（´・ω・`）

▼・ω・▼「数学って何に役立つの??」。これって子どものころから多くの人が抱いている大きな疑問だと思うけど，「微分方程式で自然を語る」っていうのがこの疑問に対する1つの答えだと思うんだよね。個人的に。

5. 雨粒の速さ

● 空気抵抗の影響

さて，では具体的に『変数分離形の微分方程式』がどんな現象に適用できるのかを考えてみましょう。

いきなり結論から入りますが，『変数分離形の微分方程式』は，「どんどん増える，どんどん減っていく現象」と非常に相性がいいのです。

その代表例として「空気中を落下する雨粒の運動」を考察します。

雨雲から落ちてくる雨粒は当然，重力のみではなく空気による抵抗力も受けています。そのおかげで地上に落ちるときにはそこまで速くならずに着地するのです。

もし，重力だけ作用しているとしたらぐんぐん加速されて，地表に到達するころに相当なスピードになってしまいます。しかし，空気抵抗によりだんだんと遅くなってもうこれ以上速くならない，という瞬間が訪れているはずなのです。

では，その空気抵抗をどのようにモデル化するかというのは「流体力学」の重要な命題なのですが，初等的な力学では空気抵抗は次の2つのどちらかで議論することになります。

・粘性抵抗→落下する速度 v に比例する抵抗力。（流体との摩擦に起因すると考える）

・慣性抵抗→落下する速度 v の2乗に比例する抵抗力。（流体との衝突に起因すると考える）

大学入試にも「空気抵抗を考慮する問題」はありますが，たいていは上の2つのどちらかを抵抗力とする場合が多いです。（入試では，速度 v に比例する抵抗力の「粘性

抵抗」問題の方が多い。）

　なぜ，このような抵抗力を考えるとよいのか，については「流体力学」で考察することになるので本書では，まず実験的にこのような抵抗力を考えるとだいたいの空気抵抗の現象は理解可能である，ということを事実として認める立場で進んでいきます。

　では，具体的に「粘性抵抗」としての空気抵抗を考えた微分方程式を解いてみましょう。
　落下速度 v に比例する空気抵抗なので比例定数を k として，kv という抵抗を考慮して質量 m の雨粒の運動方程式を書きます。すると以下のようになります。

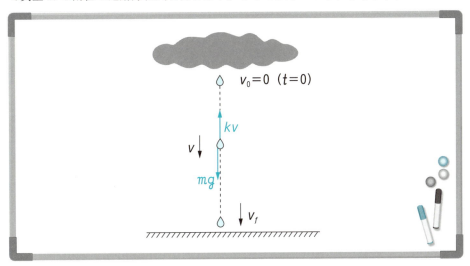

　運動方程式より

$$m \cdot \frac{dv}{dt} = mg - kv$$

※ $t=0$ で初速度 $v_0=0$ の自由落下としています。

$$m \cdot \frac{dv}{dt} = mg - kv$$

変数を分離すると

$$\frac{m}{mg - kv} \cdot dv = dt$$

両辺を積分する

$$\int \frac{m}{mg - kv} \cdot dv = \int \cdot dt$$

すると

$$(左辺) = -\frac{m}{k} \log|mg - kv|$$

$$(右辺) = t + C$$

以上より

$$-\frac{m}{k} \log|mg - kv| = t + C$$

$$\log|mg - kv| = -\frac{k}{m}(t + C) \quad \cdots (*)$$

$$\therefore \quad mg - kv = e^{-\frac{k}{m}(t+c)}$$

ここで，$t = 0$ で $v = 0$ であることを考えると

$$mg = e^{-\frac{k}{m}c}$$

$$\log mg = -\frac{k}{m}C$$

$$\therefore \quad C=-\frac{k}{m}\log mg \quad になります。$$

これを（＊）に入れて整理すると

$$v=\frac{mg}{k}\left(1-e^{-\frac{k}{m}t}\right)$$

になります。

ここで，$t=\infty$ とすると $e^{-\frac{k}{m}t}=0$ となり，そのときの速さを v_f とすると

$$v_f=\frac{mg}{k}$$

になります。

つまり，この $v_f=\frac{mg}{k}$ という速さより速くなることはないのです。この速度のことを雨粒の「終端速度」と呼んでいます。実際の雨粒はこのように速さの上限値があるのですね。

この $v\text{-}t$ グラフを描くと次の図のようになります。

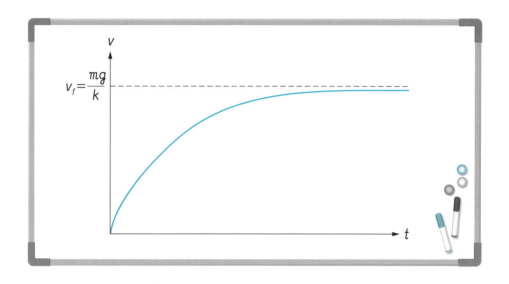

雨粒の速さってある一定の速さよりスピードアップすることないって聞いたことあったけど，こういうことだったんですね(ﾟ∀ﾟ)

▼・ω・▼変数分離形の微分方程式はこんな自然界によく顔を出す「どんどん増える，減っていく現象」をうまくモデル化できるからかなり重宝するんだよ。

でも，少し計算大変だったかも(´・ω・`)

▼・ω・▼最初はちょっと手間取るよね，でも1つ1つゆっくりでいいから自分の手で実行できるようになると，すごくクリアに見える瞬間がきっと来るからめげずに頑張って！

6．コーヒーの冷め方

● ニュートンの冷却法則

　学校や仕事帰りにカフェでコーヒーを飲むという人は結構多いと思います。猫舌の方がホットコーヒーなどを飲むときには少し時間をおいてから飲みますね。経験的に「時間が経てば，冷めていく」ことを知っているからです。

　実は，この「冷め方」にも微分方程式を利用することができます。なぜなら「時間が経つにつれ，【だんだんと】冷めていく」のですから，「変数分離形の微分方程式」が活用できる現象の１つなのです。

　まわりの空気の温度よりも，温かいホットコーヒーを用意しておくと，コーヒーの温度がだんだんと下がっていきます。このときの，「温度が下がっていく割合」は，『まわりの空気と，コーヒーとの温度差』に比例することが実験的にわかっています。

　つまり，コーヒーの温度を T，まわりの空気の温度を T_S とすると，コーヒーの温度の時間的変化を表現する微分方程式は次のように書けます。

$$\frac{dT}{dt} = -k(T - T_s)$$

この数式の意味は次のようになります。

$$\frac{dT}{dt} = -k(T - T_s)$$

コーヒーの温度変化は，まわりとの温度差に比例する

　では，この微分方程式を解いてみましょう。変数分離形として解くことができます。

まず，変数を分離します。

$$\frac{1}{T-T_s} \cdot dT = -k\,dt \quad \text{←変数を分離した！}$$

両辺を積分する

$$\int \frac{1}{T-T_s} \cdot dT = -k\int dt$$

$$(左辺) = \log|T-T_s| + C_1$$
$$(右辺) = -kt + C_2$$

よって，積分定数をまとめて

$$\log|T-T_s| = -kt + C$$
$$\therefore \quad T-T_s = e^{-kt+C} \quad \cdots (*)$$

$t=0$ で，コーヒーが T_0 という温度だとすると $(*)$ より

$$T_0 - T_s = e^C \quad となります。$$

以上より $(*)$ は

$$T-T_s = e^{-kt+C}$$
$$= e^{-kt} \cdot e^C$$
$$= e^{-kt} \cdot (T_0 - T_s)$$
$$\therefore \quad T = (T_0 - T_s) \cdot e^{-kt} + T_s \quad と書けます。$$

このような解析方法を「ニュートンの冷却法則」といいます。

では，具体例として次のような状況を考えてみましょう。

$t=0$ で，コーヒーの温度が 80[℃] であったが，室温 20[℃] の部屋に 4 分放置すると 60[℃] になった。では，コーヒーが 40[℃] になるのは何分後か？

・$t=0$ で，$T_0=80$[℃] なので，

$$T = (80-20)e^{-kt} + 20$$
$$= 60 \cdot e^{-kt} + 20$$

・$t=4$ で，$T=60$[℃] になったので，

$$60 = 60 \cdot e^{-4k} + 20$$

$$e^{-4k} = \frac{40}{60}$$

$$= \frac{2}{3}$$

ここで，　$(e^{-k})^4 = \frac{2}{3}$

両辺を $\frac{1}{4}$ 乗すると

$$e^{-k} = \left(\frac{2}{3}\right)^{\frac{1}{4}}$$

以上より，　$T = (T_0 - T_s) \cdot e^{-kt} + T_s$　は，

$$T = 60 \cdot \left(\frac{2}{3}\right)^{\frac{t}{4}} + 20 \quad \text{となります。}$$

では，コーヒーが 40[℃] になるのは，何分経ったときか調べましょう。

$$40 = 60 \cdot \left(\frac{2}{3}\right)^{\frac{t}{4}} + 20$$

$$\left(\frac{2}{3}\right)^{\frac{t}{4}} = \frac{1}{3}$$

$$\left(\frac{2}{3}\right)^{t} = \frac{1}{81}$$

これで t を求めると

$$t = 10.83\cdots \quad \text{なので}$$

約 10 分ほどまてば 40[℃] のコーヒーになることがわかります。

へ～，コーヒー飲むときなんて何も考えずに飲んでいたけど，これにも微分方程式が利用できるんだ (´・ω・`)

▼・ω・▼ そうだよ。「時間をおけばだんだん冷めていく」，なんて小学生でも知っていることだけど，こういう素朴で当たりまえと思われている現象に「数式」を持ち込んで理解しようとする試みが物理学なんだよね。

なるほど。これからコーヒー飲むときは，微分方程式のこと考えちゃいそう (ﾟ∀ﾟ)

7. 年代測定（放射性崩壊）

● ^{14}C 年代測定

「○○年前の遺跡が発見された！」，「この化石は○○万年前のものだ！」，このようなニュースを見たことがある人は少なくないはずです。

しかし，疑問に思いませんか？

なぜ，遺跡や化石に日付が書いてないのにもかかわらず「○○年前」と言えるのでしょうか？

実は，ここにも微分方程式がかかわっているのです。

最もメジャーな年代測定方法の1つに「^{14}C 年代測定」があります。この測定法の話をするには前提知識として「放射性物質の放射性崩壊」について知っておく必要があります。

放射性物質という単語を聞くとどうしても「危険なモノ」という認識が先行しがちですが，私たちの身近な物質にも放射性物質はあります。その最たる例が「**炭素**」です。

動植物，つまり有機体に欠かせない「炭素」も放射性物質なのです。炭素の同位体（アイソトープ）である ^{14}C は，宇宙から飛来してきた宇宙線が地球の大気の窒素 ^{14}N と衝突することで作られます。

その後，作られたこの ^{14}C は地球に降りたつわけですが，^{14}C は非常に不安定な原子でこのまま存在することができません。やがて放射線を出して別の原子へと変化する

のです。

　この変化を「放射性崩壊」といいます。

　さて，炭素には安定なものとして ^{12}C も存在します。つまり，私たちの周りに不安定な ^{14}C と安定な ^{12}C があるということなのです。

　「放射性崩壊」のタイミングは，ある一定確率で生じることがわかっています。となると，^{14}C は本来どんどん減っていくはずですが，常に宇宙から飛んでくる宇宙線により生成されているので，地球上に存在する ^{14}C と ^{12}C の存在比は一定になっているはずです。

　同位体（アイソトープ）という言葉は，ギリシャ語の「同じ」と「位置」から作られていることに表されるように，^{14}C と ^{12}C の化学的性質は同じなので，植物は光合成の際にこれらを区別することなく自らの体内に取り込みます。もちろん，その植物を動物たちが食べることもあるわけです。

　すると，一定の吸収をしているときの動植物たちの体内に存在する ^{14}C と ^{12}C の存在比も常に一定のはずです。

　しかし，植物が枯れたり，動物が死んだりすると，もう新たに ^{14}C や ^{12}C を取り入れることができないので，体内中の ^{14}C はどんどん数が減っていくのです。それゆえに，遺跡の木片や，化石の骨を調べて，^{14}C の減り具合を測定することで「この動植物は死んでから○○年経っている」と判断できるようになるのです。

　これを「^{14}C 年代測定」といいます。つまり，この測定方法は「動植物限定」ですよね。無機物には適用不可です。

● 崩壊速度をモデル化する微分方程式

　では，この「放射性崩壊」という現象を「微分方程式」で表現していきたいと思います。

　^{14}C 年代測定では，「^{14}C の減り具合」を見ることで年代を決めるので，「どれくらいのスピードで減っていくのか」ということで数式にできれば都合がいいのです。

　先ほど「放射性崩壊」は確率的に生じる，と書きました。この意味は 1 個の原子に着目していてもその原子がいつ崩壊するのかは予測できないということです。今，目の前にいる ^{14}C はもしかしたら 1 時間後に崩壊するかもしれないし，5 千年後かもしれません。

　しかし，ものすごく大量の ^{14}C に着目すると時間が経つにつれ，一定の確率に従う量の原子が崩壊していく，ということは言えるのです。

　例えて言うなら，600 万個のサイコロがあるとします。これらを一斉にふるときに，この中の 1 個に着目して，そのサイコロの目が何が出るかを正しく予想するのは困難ですが，全体で見れば，1〜6 の目がそれぞれほぼ 100 万個ずつ出ているということは言えるということです。

　とにかく，^{14}C の崩壊していく変化率，これを「崩壊速度」といいますが，この「崩壊速度」はいま残存している原子数に比例していくと考えられます。

　ではモデル化してみましょう。

　　　放射性物質の原子数を N，時間を t とすると，その数の変化率（減少率）は，今存在する数 N に比例すると考えると，次の微分

方程式がつくれる。

$$\frac{dN}{dt} = -\lambda N$$

この微分方程式の解釈は次のように和訳するといいですね。

$$\frac{dN}{dt} = -\lambda N$$

崩壊する変化率は今存在する個数に比例する

※この比例定数 λ を「崩壊定数」と呼んでいます。

では，具体的に微分方程式を解いてみましょう。

$$\frac{dN}{dt} = -\lambda N$$

$$\frac{1}{N} \cdot dN = -\lambda dt$$

変数を分離！

両辺を積分して，

$$\int \frac{1}{N} \cdot dN = -\lambda \int dt$$

（左辺）$= \log|N| + C_1$

（右辺）$= -\lambda t + C_2$

積分定数 C_1，C_2 をまとめて

$$\log|N| = -\lambda t + C$$

$$\therefore \quad N = e^{-\lambda t + c} \quad \cdots (*)$$

216

ここで，$t=0$ で $N=N_0$ とすると

$$N_0 = e^c \quad \text{となり}$$

（＊）は

$$N = e^{-\lambda t} \cdot N_0$$
$$\frac{N}{N_0} = e^{-\lambda t} \quad \text{と書ける。}$$

ちなみに $N = \frac{1}{2}N_0$ となる時間 t を半減期といい，^{14}C の半減期は 5730 年である。

よって，N-t グラフは下図になる。

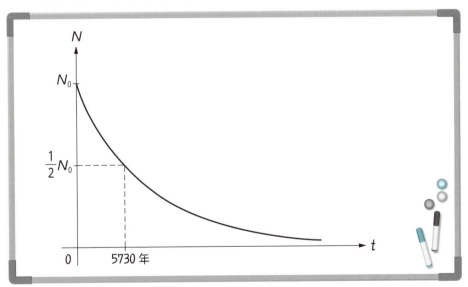

このようにして，^{14}C の個数を調べて年代を規定しているのです。

　最後に ^{14}C 年代測定が使われた有名な例を紹介します。

　キリストの「聖骸布」というお話です。聖骸布というのは，キリストが十字架にはりつけにされて処刑されたとき，その遺体を包んだといわれる布です。本物だとしたらとても貴重で価値のある布です。

　しかし，この布に対して「本物か？　偽物ではないの？」という疑問をもつ人も多くいました。そこで 1988 年にトリノ大聖堂に保管しているこの聖骸布に科学のメスが入ることになりました。「^{14}C 年代測定」を行ったのです。

　すると，この布が作られたのは 1300 年代ごろの中世である，という結果が出て，偽物だと判断されたのでした。（ただし，このとき調査した聖骸布の一部は布が火災で破けて補修したところで新しい布の部分を調査したのではないかという意見もあります。）

へ～，面白い！　なんか推理ものみたい！(｀・ω・´)

 ▼・ω・▼ね。なんかこういうのってワクワクするよね。このように考古学の世界にも科学は非常に重要な役割を担っているんだよね。

こんなこと誰が考えたんだろ？ (´・ω・)?

 ▼・ω・▼この ^{14}C 年代測定はアメリカのウィラード・フランク・リビー博士っていう人が考案したもので，博士はこの功績でノーベル化学賞を受賞しているね。

へ～，すげー(｀・ω・´)

おわりに

『微積分はテクニカルな計算技術』，高校生の頃はそう思っていました。

その核となる数学概念などに意識を向ける余裕はなく，ただ受験科目の1つだからとひたすら数学のテキストと向き合い問題をしゃにむに解きまくるという勉強しかしていませんでした。

19世紀を代表する数学者・物理学者のカール・フリードリヒ・ガウスは次のように語ったといいます。

『数学の本質は表記ではなく，概念にある。』

と。

この言葉にであった当時，大学1年生だった私はもう一度基礎・基本から徹底的に『微積分』を学びなおそうと決心しました。いや，そもそもそれまでは概念なしにただひたすら計算技術として問題演習の数をこなしてきただけで，本当の意味での『微積分』を学んでいなかったのではないか，と感じました。

それからは，大学の図書館に入りびたり，100冊以上のいろんな『微積分』の本をず〜っと読み進めるようになりました。徐々に『微積分』の概念を自分の中に構築していくようになり，そこで初めて『微積分を勉強している』ことを実感できるようになったのです。

概念なしの勉強は，勉強ではありません。

本書を読み，『微積分』の概念のシンプルさ，奥深さを実感し，今までよりもぐっと『微積分』が身近な存在になったと感じていただけたなら著者としてこれ以上の喜びはありません。

ぜひ，この本をきっかけに微積分に興味を持っていただいたなら，さらに本格的な微積分・解析学の専門書等に手を伸ばし，あなたの中の数学世界をどんどん広げていってほしいと思います。

最後に，この本を書くにあたり編集担当の成田恭実さんには，原稿執筆のサポートやアドバイスをいただき，まことに感謝しております。

本書をわかりやすく彩るイラストを描いてくれた友人の藤森希良さんにも感謝の意を表します。

　そして，なによりいままで私の授業を受けてくれたすべての生徒に感謝し，筆を擱かせていただきます。

　本書が多くの『微積分難民』を救えることを願って…。

2017 年 8 月

池末　翔太

参考文献

『総合的研究　数学Ⅲ』（長岡亮介・著／旺文社）

『数学再入門：心に染みこむ数学の考え方』（長岡亮介・著／日本評論社）

『力学と微分方程式』（山本義隆・著／数学書房）

『微積分の意味』（森毅・著／日本評論社）

『大学への数学ⅢＣ』（藤田宏，長岡亮介，長岡恭史，長崎憲一・著／研文書院）

『なっとくする物理数学』（都築卓司・著／講談社）

『秋山・大貫のもっとわかる数学Ⅱ・Ｂ』（秋山仁，大貫金吾・著／駿台文庫）

『荻野の勇者を育てる数学ⅢＣ』（荻野暢也・著／代々木ライブラリー）

『物理数学がわかる』（潮秀樹・著／技術評論社）

『ワナにはまらない微分積分』（大上丈彦・著／技術評論社）

『道具としての物理数学』（一石賢・著／日本実業出版社）

『理系なら知っておきたい物理の基本ノート[物理数学編]』（為近和彦・著／中経出版）

『単位が取れる　橋元流　物理数学ノート』（橋元淳一郎・著／講談社）

『マンガでわかる微分方程式』（佐藤実・著／オーム社）

『物理数学の直観的方法　普及版』（長沼伸一郎・著／講談社）

『公式を暗記したくない人のための高校物理がスッキリわかる本』（池末翔太・著／秀和システム）

本書を執筆する上で，以上の書籍を参考にさせていただきました。この場を借りて厚く御礼申し上げます。

著者プロフィール

池末　翔太 （いけすえ・しょうた）

●受験モチベーター。予備校講師。オンライン予備校「学びエイド」認定鉄人講師。1989年福岡県生まれ。大学入学後，4つの塾で講師経験を積み，そのうち2つの塾では主任講師を務めた。大学生のときに著書『中高生の勉強あるある，解決します。』を出版。現在は予備校で物理・数学を教えるほか，高校への出張授業や講演も行う。「答えは1つじゃない」という考えで，勉強の悩みには様々な解決策があることをわかりやすく伝える。決して押し付けないその伝え方は，中高生に「こんなこと考えていいんだ！」「悩みがスッキリ解決した！」「私にもできそうな気がしてきた！」と評判。

●著書　『中高生の勉強あるある，解決します。』（Discover21）
　　　　『公式を暗記したくない人のための高校物理がスッキリわかる本』（秀和システム）
　　　　『勉強のやる気が持続できる　モチメンの教科書』（高陵社書店）
　　　　『やさしくまるごと中学理科』（学研）
　　　　『中高生の受験スイッチを on！にする魔法のコトバ。』（エール出版社）
　　　　『中高生の勉強まだまだあるある，解決します。』（Discover21）
　　　　　　　　　　　　　　　　　　　　　　　　　　　　　累計 13 万部以上。
著書は台湾・韓国・シンガポールなど海外でも広く翻訳出版されている。

●メディア出演・監修に「テストの花道ニューベンゼミ（NHK　E テレ）」，「朝日新聞」，「リクルート　キャリアガイダンス」「学研　ガクセイト」などがある。

●本書に関する最新情報は、技術評論社
　ホームページ（http://gihyo.jp/）を
　ご覧ください。
●本書へのご意見、ご感想は、技術評論
　社ホームページ（http://gihyo.jp/）
　または以下の宛先へ書面にてお受けし
　ております。電話でのお問い合わせに
　はお答えいたしかねますので、あらか
　じめご了承ください。

〒162-0846
東京都新宿区市谷左内町 21-13
株式会社技術評論社書籍編集部
『使い道がわかる微分積分』係
FAX：03-3267-2271

カバー・本文デザイン・DTP　● 株式会社新後閑
本文イラスト　　　　　　　● 藤森 希良

使い道がわかる微分積分　〜物理屋が贈る数学講義〜

2017年11月28日　初版　第1刷発行

著　者　　　池末 翔太
発行者　　　片岡 巌
発行所　　　株式会社技術評論社
　　　　　　東京都新宿区市谷左内町 21-13
　　　　　　電話　03-3513-6150　販売促進部
　　　　　　　　　03-3267-2270　書籍編集部
印刷・製本　株式会社 加藤文明社

定価はカバーに表示してあります。

造本には細心の注意を払っておりますが、万が一、乱丁（ページの乱れ）や落丁（ページの抜け）がございましたら、小社販売促進部までお送りください。送料小社負担にてお取り替えいたします。

ISBN978-4-7741-9386-1 C3041
Printed in Japan